FAO中文出版计划项目丛书

《粮食和农业植物遗传资源种质库标准》 实施实用指南

——种质圃保存

联合国粮食及农业组织　编著

张金梅　陈晓玲　辛　霞　译

中国农业出版社

联合国粮食及农业组织

2025·北京

引用格式要求：

粮农组织。2025。《〈粮食和农业植物遗传资源种质库标准〉实施实用指南——种质圃保存》。中国北京，中国农业出版社。https://doi.org/10.4060/cc0023zh

ISBN 978-92-5-136184-9（粮农组织）
ISBN 978-7-109-32971-3（中国农业出版社）

FAO中文出版计划项目丛书

指 导 委 员 会

国际组织和各国政府正在努力实现到 2030 年消除饥饿等联合国可持续发展目标（SDGs）。为了实现联合国可持续发展目标，需制定和推广有利于农民的解决方案，并为《联合国粮食及农业组织战略框架 2022—2031》提供必要性背景。该战略框架旨在改进目前不够合理的农业和粮食体系，使其更高效、更包容、更有韧性和更可持续，以实现四个愿景：更好生产、更好营养、更好环境和更好生活。

大约 80％的粮食是植物性的，因此，即使在气候不断恶化的情况下，我们也将极大受益于可持续作物生产体系，有助于提升粮食的营养价值和减少投入。关键是不断改良作物品种，使其具有养分利用高效、营养丰富、适应目标农业生态环境以及适应生物和非生物胁迫等多样化特性。植物育种者需要获得尽可能广泛的遗传变异材料来培育新品种。粮食和农业植物遗传资源（PGRFA），包括改良品种、农家种或地方种和作物野生近缘种，是遗传材料的主要来源。确保种质库中已鉴定和编目的粮食和农业植物遗传资源的安全，有助于保障当下和未来对遗传资源的直接利用或用于科学研究和品种培育。

联合国粮食及农业组织（简称粮农组织）及其伙伴认识到种质库的有效运行对可持续作物生产体系至关重要。此外，通过种质资源交换全球对粮食和农业植物遗传资源相互依赖，因此粮农组织一直将协调统一世界各种质库流程作为粮食和农业植物遗传资源保护和可持续利用工作的重中之重。粮农组织通过其粮食和农业遗传资源委员会在 2014 年发布了《粮食和农业植物遗传资源种质库标准》（简称《种质库标准》）。《种质库标准》为种质库、种质圃、试管苗库和超低温库等异地保存粮食和农业植物遗传资源提供了国际标准。

种质库工作人员认为，为提高《种质库标准》的实用性，应按照种质库操作流程分步骤编写配套丛书，为种质资源保存过程中的复杂步骤和决策提供指导，将成为具有深远意义的参考资料。鉴于此，粮农组织编写了《〈粮食和农业植物遗传资源种质库标准〉实施实用指南——种质圃保存》。此外，还编写了《〈粮食和农业植物遗传资源种质库标准〉实施实用指南——种质库正常型种子保存》和《〈粮食和农业植物遗传资源种质库标准〉实施实用指南——离体保存》。

这些配套丛书简单易懂,可作为种质库技术人员的操作手册、种质库管理人员的简化指导教材,亦可作为对种质库运行感兴趣人员的简易参考资料。

夏敬源

粮农组织植物生产与保护司司长

ACKNOWLEDGEMENTS 丨致 谢丨

粮农组织植物生产与保护司在 Chikelu Mba 的指导下编写了《〈粮食和农业植物遗传资源种质库标准〉实施实用指南——种质圃保存》，并在 2021 年 9 月 27 日至 10 月 1 日期间粮农组织召开的粮食和农业遗传资源委员会第 18 届例会上通过。诚挚感谢粮食和农业遗传资源委员会给予的指导以及委员会成员提供的宝贵建议。

参编人员：

参与编写的人员包括粮农组织 Bonnie Furman、Stefano Diulgheroff、Arhsiya Noorani 和 Chikelu Mba。

特别感谢 Andreas Wilhelm Ebert、Mary Bridget Taylor、Catherine Gold 和全球作物多样性基金对制定本实施指南的巨大贡献。粮食和农业遗传资源委员会、CGIAR 种质库平台以及 Adriana Alercia、Joelle Braidy、Nora Castaneda-Alvarez、Paula Cecilia Calvo、Mirta Culek、Axel Diederichsen、Lucia de La Rosa Fernandez、Lianne Fernandez Granda、Luigi Guarino、Jean Hanson、Fiona Hay、Remmie Hilukwa、Visitación Huelgas、Yalem Tesfay Kahssay、Simon Linington、Charlotte Lusty、Medini Maher、Matlou Jermina Moeaha、Mina Nath Paudel、William Solano、Mohd Shukri Bin Mat Ali、Janny van Beem 以及 Ines Van den Houwe 等人均有贡献。

特别感谢 Alessandro Mannocchi 为本出版物所做的设计和排版。同时感谢 Mirko Montuori、Dafydd Pilling 和 Suzanne Redfern 提供了发行支持。还有很多人为本实施指南的编写和出版做出了贡献，粮农组织诚挚地感谢他们付出的时间、敬业和专业。

前 言 | FOREWORD

种质库对粮食和农业植物遗传资源进行异地保存，旨在确保当下和未来对遗传资源的直接利用或用于研究与植物育种。因此，种质库有助于可持续作物生产体系，有助于实现粮食安全和营养安全。然而，必须对种质库进行有效管理，使种质资源在最佳条件下得到保存并可供利用。

种质库还通过种质交流，包括跨国交流，在促进全球粮食和农业植物遗传资源合作方面发挥了重要作用。2014 年发布的《粮食和农业植物遗传资源种质库标准》旨在统一种质库操作，即统一各种质库和各国的种质资源保存、鉴定、评价和信息汇编。《种质库标准》设置了当前最佳的科学和技术基准。

为满足分步骤明确种质圃常规操作流程的需要，特编制《〈粮食和农业植物遗传资源种质库标准〉实施实用指南——种质圃保存》。粮农组织粮食和农业遗传资源委员会在 2021 年第 18 届例会上批准了这份实用指南，按种质库工作流程提供了每个流程所需的信息。基于种质库管理的基本原则提出了一系列关键且相互关联的操作环节，即：种质的身份，生活力维持，保存和更新过程中遗传完整性的维持，种质健康维持，保藏种质的物理安全，种质的可用性、分发和利用，信息的可用性，以及种质圃的主动管理。

本手册包括种质圃选址、种质资源获取、入圃保存、田间管理、更新和扩繁、鉴定、评价、信息汇编、分发、安全备份以及安全和人员。每一个环节都配有操作流程图。此外，还提出了种质圃设施设计或修建所需的基础设施和设备建议。并提供了关于种质圃运行管理的指导和技术背景的参考资料。附录部分提供了与各种质圃操作相关的潜在风险及其预防措施。

本手册旨在促进《种质库标准》的广泛应用，是其系列配套出版物之一。种质圃管理人员可以将本手册作为制定操作标准程序、质量管理体系的基础，或者简单地将其作为一本参考手册。

CONTENTS **目 录**

处于花期的圃存芒果种质资源，印度

1 导　论

许多大田和园艺作物以及农林业物种很难或无法用种子保存。因为有些物种有顽拗性种子，种子保存寿命短；有些物种生成种子可能需要很多年，如许多木本植物；有些物种就没有种子，只能无性繁殖。其他还包括一些雌雄异株物种的雄性个体和稀有植物，由于过度放牧导致濒临灭绝。种质圃保存的主要作物类群包括：块根和块茎作物，如马铃薯、木薯、山药、甘薯、芋头和香蕉；亚热带和热带灌木、树木，如咖啡、可可、橡胶、椰子、棕榈、面包果、芒果和柑橘；温带果树，如葡萄、杏、苹果、樱桃、梨；多年生草本，如甘蔗；葱属植物，如大蒜、葱。以这种方式保存的部分作物虽然具有有性繁殖能力，但由于其遗传杂合性，通常不用种子繁殖。育种者和园艺学家通常需要一致性的无性繁殖材料。种质圃保存为这些物种的保存提供了途径。

在种质圃中，植物遗传资源以活体植株保存，不断生长，需要持续保存。由于植物在田间种植，种质健康问题与种质资源高度相关，定期进行病害监测和检测，并采取控制措施，对于维持植物无病害至关重要。而且，种质圃便于提供种质资源用于鉴定、评价、研究和培训，也为种质资源使用者在营养或扩繁过程中获取和检测种质资源提供了途径。无性繁殖材料有利于种质资源分发。

种质圃与其他类型种质库的原则是通用的，包括：种质的身份，生活力维持，保存和更新过程中遗传完整性的维持，种质健康的维持，收集品的物理安全，种质的可用性、分发和利用，信息的可用性，以及积极主动的管理（粮农组织，2014）。

种质圃保存可分解为一系列相互关联的操作（图1）。本手册介绍了种质圃每个操作环节的关键实践活动[1]（表1），概述了种质圃常规操作流程（图2），并支持《种质库标准》的应用（粮农组织，2014）[2]。本手册按种质库工作流程的顺序详细介绍了种质圃标准的内容，以促进《种质库标准》更广泛

---

[1] 实践活动应遵循《种质库标准》中的最佳做法。

[2] 文中提及的所有标准均出自粮农组织《种质库标准》。

地应用。各种质圃可以在本指南中描述的操作基础上，制定标准操作程序（SOPs）（国际热带农业研究所，2012）和质量管理系统（QMS）（CGIAR 种质库平台，2021），用于种质资源保存并细化每项活动。

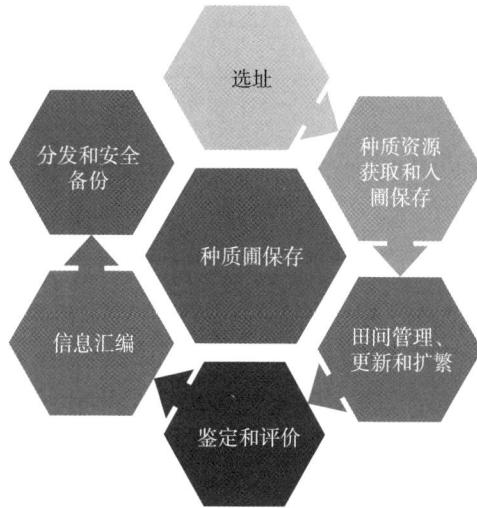

图 1　种质圃保存的主要操作环节

　　本手册仅就种质圃运行的复杂步骤和决策提供了一般性指导。每个种质圃都有自己的特殊情况，对特殊收集品的有效管理需要在经验基础上认真考虑和调整程序。对于本手册中所述工作环节的详细技术规范，种质圃工作人员可能需要查阅更多信息，部分可参见本手册的参考文献。

表 1　种质圃的基本原则及相关操作环节

种质圃原则	种质圃操作汇总
种质的身份	收集和登记护照信息 确定植物学分类 编制永久和唯一的种质编号，并在所有记录中使用 仔细处理种质，避免混杂，在种质圃操作或在温室、网室中要对所有样品进行标记和追踪
生活力的维持	收集、处理、田间种植和栽培、更新和运输过程中遵循最佳做法，并优化时间 优化和监测实地条件 定期监测植株健康状况 必要时进行更新和扩繁
遗传完整性的维持	确保收集和保存的样品能尽可能代表原始群体 选址最大限度减少基因流动和遗传污染 在收集、处理、田间种植和栽培、更新和运输过程中遵循最佳做法

3

（续）

种质圃原则	种质圃操作汇总
种质健康的维持	必要时采取检疫措施 收集、处理、田间种植和栽培、更新和运输过程中遵循最佳做法 病虫害监测和管理
种质的物理安全	制定和实施风险策略 选址位于安全地带 在适宜的地方建设和维护种质圃基础设施 种质安全备份和复份保存
种质的可用性 及其利用	根据法律和植物检疫要求获取和分发种质 确保充足的数量和高效的分发 提供种质相关资料
信息的可用性	建立种质圃信息管理系统 定期备份种质的护照信息和管理数据 尽可能地向外部用户提供种质护照信息和其他相关数据
种质圃的主动管理	制定并向工作人员提供标准操作程序 种质圃操作过程中产生的数据和信息可供管理人员和工作人员使用 雇用受过良好培训的工作人员，并采取职业安全和健康措施加以保护 通过必要的培训，不断提高种质圃工作人员的能力

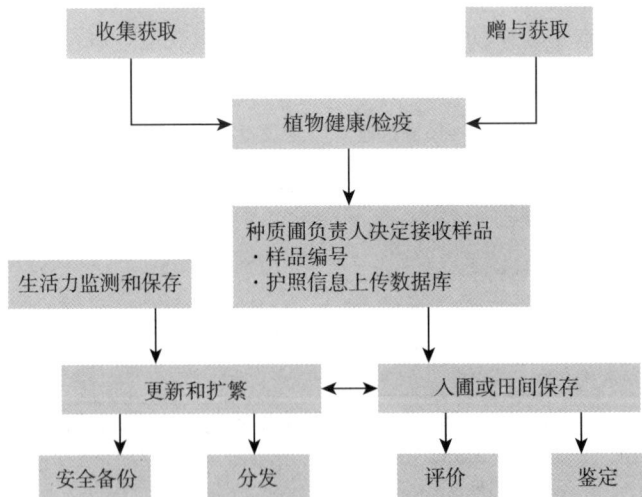

图 2　种质圃常规操作流程

© 粮农组织/B.Furman

葡萄圃存资源，亚美尼亚

2 种质圃选址

种质圃应制定关于种质圃选址和土地获取的书面政策和程序，包括一系列要求和规章①。

✔ 种质圃圃址应尽可能具有与保存的植物种质原产地环境相似的农业生态条件②。

选址的气候、海拔和土壤条件应能让植物很好适应和生长，这一点十分关键。这将最大限度地减少由于适应性差而导致的植物丧失风险。如果原产地与种质圃所在地的环境差异较大，就会发生风险。若附近有目标作物的商业生产可表明此地适宜生长。

✔ 种质圃圃址应尽可能降低自然灾害和人为灾害的风险③。

种质资源的安全是每个种质圃的首要任务。应该进行风险评估，以确保自然灾害和人为灾害不会威胁到种质圃保存种质的物理安全。选址时要考虑的安全因素包括：

- 与活火山至少保持半径 10 公里的安全距离，以避免熔岩流和岩石的破坏。
- 避开经常遭受飓风、台风或雪崩袭击的地区。
- 避开靠近已知受战乱影响的人类居住地区。
- 选择近期没有种植目标作物的地点，以避免发生重大病虫害，可能造成植物丧失或花费高昂病虫害管理费用。

✔ 种质圃圃址应最大限度地减少与保存物种可进行异花授粉的相同物种及其相关物种的作物和野生群体之间的基因流动和污染的风险，以保持遗传完整性④。

对于那些分发种子的异交物种需要保持安全的隔离距离，以避免基因流动的潜在影响和来自附近商业作物地块或同一物种的野生群体的污染。

---

① 参见图 3：种质圃选址环节各项活动工作流程概要图。
② 《种质库标准》5.1.1。
③ 《种质库标准》5.1.2。
④ 《种质库标准》5.1.3。

种质圃选址	
种质圃圃址的气候、海拔和土壤条件应能让植物很好适应和生长	－ 附近目标作物有商业生产表明此地适宜
圃址应尽可能降低可预见的自然灾害和人为灾害的风险	－ 与活火山至少保持半径10公里的安全距离； － 避开经常遭受飓风、台风或雪崩袭击的地区； － 避开靠近已知受战乱影响的人类居住地区； － 选择近期没有种植目标作物的地点，以避免发生重大病虫害，可能造成植物丧失或花费高昂病虫害管理费用
圃址应最大限度地减少与保存物种可进行异花授粉的相同物种及其相关物种的作用和野生群体之间的基因流动和污染的风险	－ 确保与可进行异花授粉的作物和野生群体的安全距离
圃址确保拥有至少50年的土地使用权	－ 确保选址地区发展规划不会影响土地用途
圃址应确保未来足够扩展空间	－ 预期可能需要增加新的种质资源，包括入境检疫材料
圃址土地可灌溉、可用农机及化肥和农药	－ 确保容易获得水源，可进行必要的农药喷洒，以及补水灌溉
圃址对于种质圃负责人和田间工人而言应交通便利，苗圃中应有用于植株扩繁和种植的设施	－ 位置便利，有助于田间和植株管理，以及定期监测
记录、验证并上传所有相关数据，包括相关的元数据	

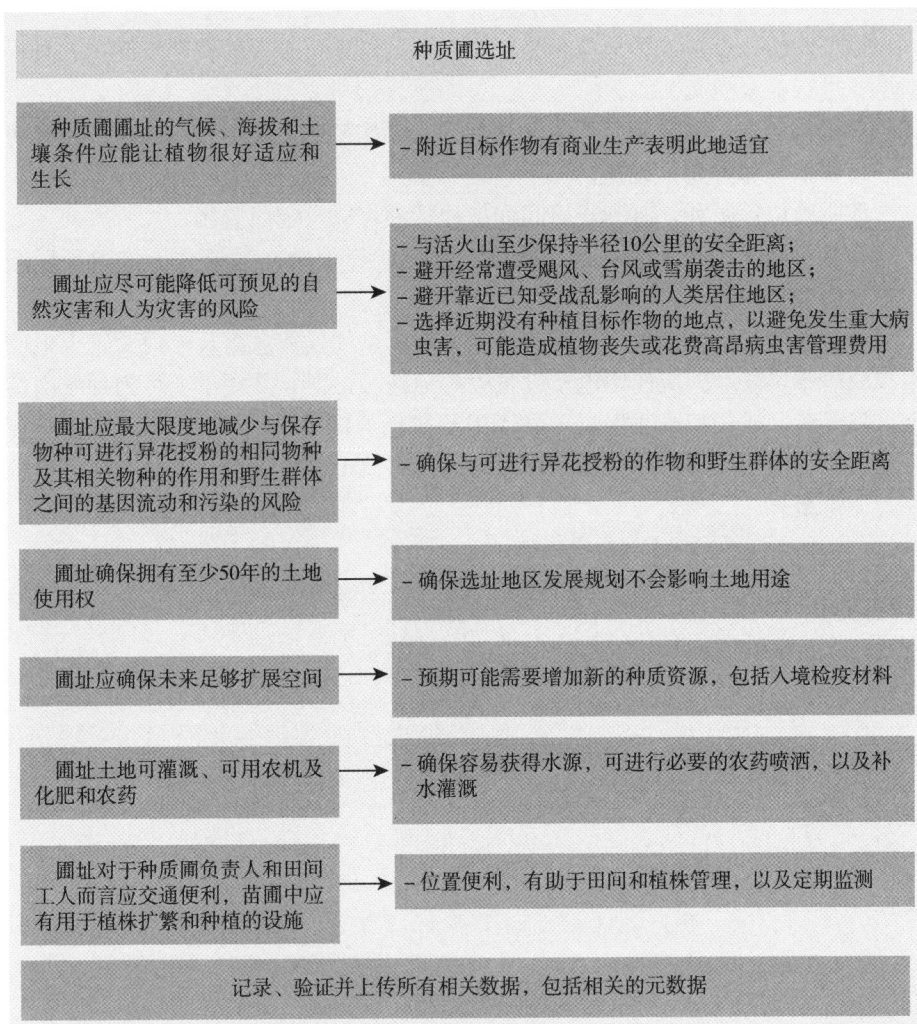

图3　种质圃选址环节各项活动工作流程概要图

✓种质圃圃址应有书面的、保证续约或公布的土地使用权[①]，确保长期使用（至少 50 年）。

树木或灌木种质圃的建设是一项长期投资。如果靠近城镇或城市，将来可能用于其他用途，则调查该地区的发展计划很重要。

✓如可能，种质圃圃址应为未来提供足够扩展空间，因为种质圃建成后可能需要增加新的种质资源。

---

① 《种质库标准》5.1.4。

✓ **种质圃圃址的土地应适合机械化耕作以及施用化肥和农药。**

很重要的一点是，场地应容易获得水源，可进行必要的农药喷洒，并且根据需要进行补水灌溉。

✓ **种质圃圃址对于种质圃负责人和田间工人[①]而言应交通便利，苗圃中应有用于植株扩繁和种植的设施。**

种质圃位置便利，有利于田间和植株管理，以及定期监测。

✓ **所有相关数据，包括相关的元数据，都应进行记录、验证并上传到种质圃信息管理系统。**

要考虑的数据包括地理位置和边界、坡度、气候信息以及任何关于土地使用权的法律协议等。应使用电子设备以避免抄写错误，并便于上传到种质圃信息管理系统。或在记录数据时需要使用不褪色的墨水笔（或铅笔），字迹必须清晰可辨。使用条形码标签和条形码读码器有助于种质管理，并最大限度地减少人为错误。

---

① 《种质库标准》5.1.5。

芋枝条，斐济

3　种质资源获取

　　建议种质圃制定适用的关于种质资源获取的书面政策和程序，包括遵守法律、植物检疫以及其他规章和要求（图4）[1]。

✔依据机构的种质资源获取政策决定是否将种质资源纳入种质圃收集品中。

　　制定获取政策能够确保收集品可管理，并满足用户的需求（Guarino、Rao和Reid，1995）。

- 种质圃管理者在决定获取新种质资源前，可以与育种家、植物学家以及其他科学家进行交流讨论。研究机构也可以设立一个专门的或一般性的作物咨询委员会。

- 在做决策的过程中，应考虑收集品或受赠样品的健康和生活力状况、护照数据信息的可用性（分类学信息、种质来源等）以及样品的独特性（以避免非必要的重复）。

✔种质资源获取要通过合法途径，并随附所有相关文件[2]。

　　种质资源获取要遵守国家和国际法规，如植物检疫法、《粮食和农业植物遗传资源国际条约》（简称《条约》）或《生物多样性公约》（CBD）对遗传资源获取的规定（粮农组织，2014）。

- 种质圃应就种质资源获取问题与《条约》缔约方的国家协调中心或其他主管部门进行沟通。

✔种质圃对每一份新样品赋予一个永久且唯一的种质编号。

　　一旦管理者决定接收样品入种质圃，该样品将会被赋予一个唯一的种质编号。

- 也可以向《条约》秘书处申请数字对象标识符（DOI）（粮农组织，2021a）。在种质圃处理全过程中，种质编号和DOI都将与该种质资源的其他所有处理信息资料一起被保留。

- 如果受赠种质已被捐赠组织赋予了一个种质编号或DOI，请将其作为替代

---

①　参见图4：种质资源获取环节各项活动工作流程概要图。
②　《种质库标准》5.2.1。

标识符保留在护照数据中。这是确保信息数据能与种质一一对应的关键
手段。

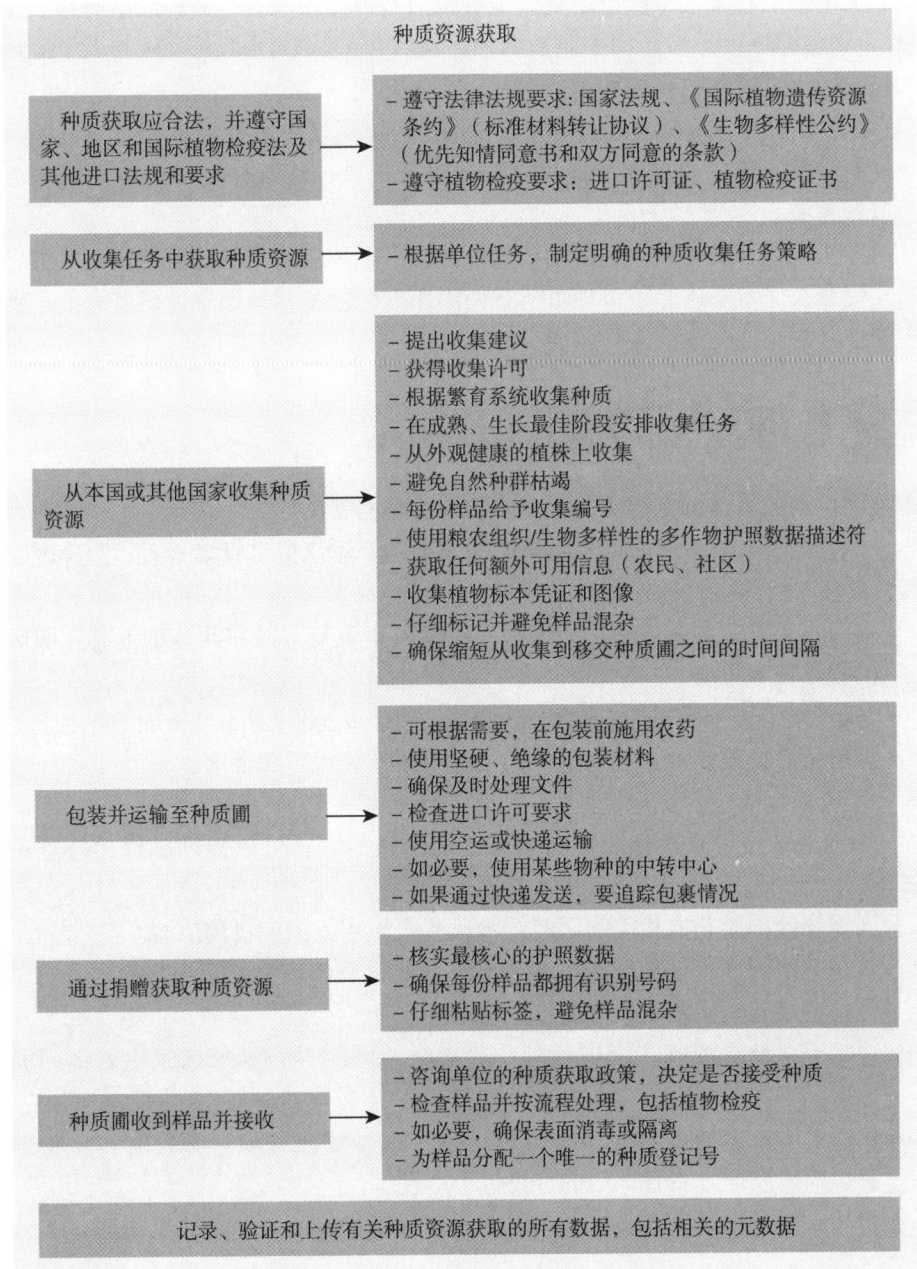

种质资源获取		
种质获取应合法，并遵守国家、地区和国际植物检疫法及其他进口法规和要求	→	– 遵守法律法规要求：国家法规、《国际植物遗传资源条约》（标准材料转让协议）、《生物多样性公约》（优先知情同意书和双方同意的条款） – 遵守植物检疫要求：进口许可证、植物检疫证书
从收集任务中获取种质资源	→	– 根据单位任务，制定明确的种质收集任务策略
从本国或其他国家收集种质资源	→	– 提出收集建议 – 获得收集许可 – 根据繁育系统收集种质 – 在成熟、生长最佳阶段安排收集任务 – 从外观健康的植株上收集 – 避免自然种群枯竭 – 每份样品给予收集编号 – 使用粮农组织/生物多样性的多作物护照数据描述符 – 获取任何额外可用信息（农民、社区） – 收集植物标本凭证和图像 – 仔细标记并避免样品混杂 – 确保缩短从收集到移交种质圃之间的时间间隔
包装并运输至种质圃	→	– 可根据需要，在包装前施用农药 – 使用坚硬、绝缘的包装材料 – 确保及时处理文件 – 检查进口许可要求 – 使用空运或快递运输 – 如必要，使用某些物种的中转中心 – 如果通过快递发送，要追踪包裹情况
通过捐赠获取种质资源	→	– 核实最核心的护照数据 – 确保每份样品都拥有识别号码 – 仔细粘贴标签，避免样品混杂
种质圃收到样品并接收	→	– 咨询单位的种质获取政策，决定是否接受种质 – 检查样品并按流程处理，包括植物检疫 – 如必要，确保表面消毒或隔离 – 为样品分配一个唯一的种质登记号
记录、验证和上传有关种质资源获取的所有数据，包括相关的元数据		

图 4 种质资源获取环节各项活动工作流程概要图

✓ **加入种质圃的种质资源都附有粮农组织/生物多样性中心在多作物护照数据描述符中概述的相关数据[①]。**

无论是从收集任务获取还是其他机构捐赠，建议所有样品都应附有粮农组织/生物多样性中心多作物护照数据描述符（Alercia、Diulgheroff 和 Mackay，2015）中详细说明的相关数据。

• 数据必须要与每份种质明确关联，例如可以通过使用种质编号或 DOI。

✓ **所有数据，包括相关的元数据，都应进行记录、验证并上传到种质圃信息管理系统。**

应使用电子设备以避免抄写错误，并便于上传。使用不褪色墨水笔（或铅笔）记录数据，字迹必须清晰可辨。使用条形码标签和条形码读码器有助于种质管理，并且可以减少人为错误。

3.1 通过收集任务获取种质

✓ **根据机构的任务制定明确的种质资源收集任务策略。**

必须在收集任务之前设定收集的优先级别。建议拟订收集方案，明确说明收集任务的目的、目标地点和方法。

• 对已收集资源和未收集资源摸清家底以防止重复，并在此基础上制定明确的收集任务策略。

• 与收集地区的研究机构或专家开展合作，遵守该地区关于收集方面的规定。

• 提前做好任务计划，确保最佳做法并符合有关规定和要求。

✓ **种质收集要通过合法途径获取，并附有所有相关文件[②]。**

种质获取过程要遵守国家和国际法规。下列信息可以协助确保遵守这些法规：

• 当涉及到种质获取相关问题时，种质圃应与相关指定机构沟通。

  ○ 在其他国家进行种质收集时，可能需要联系《条约》缔约方的国家协调中心或其他指定的种质获取机构。

  ○ 对于在种质圃所在国进行种质收集时，可能有必要与国家主管部门联系，确保了解并遵守国家和地方法规。

• 从原生境自然居群收集作物野生近缘种或半驯化种质，必要时需获得国家、地区或地方主管部门的许可批示。

• 当从农田、农民仓圃或社区，包括一些自然生境，收集种质资源时，必要

[①] 《种质库标准》5.2.2。

[②] 《种质库标准》5.2.1。

时需根据相关国家、地区或国际法律法规确定的事先知情同意书（PIC）和双方同意条款（MAT）（生物多样性中心，2018）。

✔ **种质圃应遵守国家、地区、国际植物检疫法以及有关当局的其他进口法规和要求**[①]。

当种质资源被转移时，存在随宿主植物样品意外引入植物病虫害的风险。下列步骤可能有助于降低这类风险，并确保符合规定和要求：

- 在别国收集的种质，应获得提供国的植物检疫证书以及种质圃所在国家有关当局的进口许可证（《国际植物保护公约》，2021）。
- 如果需要，将收集样品转移到种质圃之前，要通过相关的检疫程序。
- 根据国家植物检疫部门的建议，在封闭或隔离区域处理收集的种质资源。

✔ **将收集任务安排在成熟的最佳时期，从明显健康、没有病虫害或其他损害的植株上收集繁殖体**[②]。

如果种质圃工作人员不了解收集物种，可能需要聘请当地专家，以确保样品的质量和生活力。收集鳞茎、块茎和木本物种要考虑季节性因素。种质圃工作人员应该根据收集的目标物种，查阅具体的信息来源。

✔ **从适当数量的单株植物上收集繁殖体**[③]**，同时避免因收集导致自然种群的枯竭。**

可以考虑根据目标物种的繁育系统，确定种群中要采样的植株数以及繁殖体的类型和大小［国际农业研究磋商组织全系统遗传资源项目（SGRP - CGIAR），2011］[④]。

- 如可能，异花授粉的物种至少收集 30 棵植株，自花授粉的物种至少收集 60 棵植株。
  - 收集顽拗性种子，与正常性种子相比，收集的样品量通常有限。但应尽量最大限度地增加目标群体的遗传多样性。
  - 对于根茎和块茎类，每份样品至少收集 4 个繁殖体，如果该物种的栽培技术不成熟，则需要收集更多（Dansi，2011）。
  - 如果收集木本茎部，需增加样品量，以避免因消毒灭菌过程中出现任何问题甚至造成损失。建议每株植物 5～10 个扦插/繁殖体（Thompson，1995）。
- 注意：收集离体培养样品是收集和运输种质资源的替代方法，特别适用于无性繁殖的物种和那些具有顽拗性种子或胚退化迅速的物种。需尽量缩短运输时间。

[①] 《种质库标准》5.2.1。

[②] 《种质库标准》5.2.3。

[③] 《种质库标准》5.2。

[④] 作物种质库知识库提供了关于种质资源采集的信息。

○ 离体培养的外植体通常使用 70％的乙醇进行表面消毒，然后用含有约 3％有效成分的次氯酸钠（NaClO）或商业漂白剂进行消毒。也可以使用含 0.5％～2％次氯酸钙的稀释溶液代替消毒。消毒后，通常会将外植体修剪成最终尺寸以进行运输，包括去除因灭菌溶液渗透切面而造成的坏死组织。参见 Pence 和 Engelmann（2011）有关离体培养种质收集技术的更多指导。

✔ **收集的样品要贴上标签，在处理过程中不能混杂。**

如可能，在繁殖体包装上使用不褪色墨水笔或机打标签（最好有条形码）来标记样品。最好在包装袋内外都放置标签，如果种子或样品不干燥，需要保护内部标签不变质。建议记录每份样品的所有收集编号和其他必要信息。

✔ **收集的种质资源应附有粮农组织/生物多样性中心在多作物护照数据描述符中概述的相关数据**[①]。

标准化的收集表，有助于收集每份样品的相关数据。给每份样品一个收集编号，以便将样品与收集信息相关联。可考虑收集以下信息：

• 收集种质在种间和种内水平分类鉴定信息，如可能，收集植物种群类型、生境和生态环境、收集地的土壤状况、全球定位系统坐标和照片图像，以便种质管理者和使用者了解其原始背景情况。

• 将每份样品按照粮农组织/生物多样性中心多作物护照数据相关描述符，详细描述每份样品的相关数据（Alercia、Diulgheroff 和 Mackay，2015；插文 1）。

> ### ➡ 插文 1 最基本的护照数据
>
> 收集表中至少应包括以下信息：
>
> | | |
> |---|---|
> | • 收集号 | • 收集地点纬度 |
> | • 收集机构名称/代码 | • 收集地点经度 |
> | • 分类学名称，尽可能详细和准确 | • 收集地点海拔 |
> | • 常用作物名称 | • 收集日期 |
> | • 收集地点位置 | • 生物学状态（野生、杂草、地方品种等） |

• 若是从农田、农民仓圃收集的种质，则要收集种质的来源、传统知识、文化习俗等方面信息。

• 对于从种群（例如野生物种）获取的任何植物标本馆标本，需使用与所收集样品相同的收集号，并将其与数据库中的种质登记号相关联。

---

① 《种质库标准》5.2.2。

✔尽可能缩短从收集到处理再到移交至种质圃之间的时间，以防止种质的损失和变质[①]。

无性系品种不能长时间保持活力，营养繁殖体很容易腐烂，而且腐烂速度很快。在热带国家，高温和高湿环境、运输可能困难的地区，缓慢或不确定时间的运输都是巨大挑战。在这种情况下，必须特别注意确保样品避免暴露在光照下，须始终存放在阴凉处。

✔选择包装材质和运输方式，确保种质能够安全和及时地交付。

为确保种质以良好状态到达种质圃，通常要考虑信息汇编处理所需时间、装运、转运时间和环境条件（温度和湿度）。以下因素可以降低种质收集后的丧失风险：

包装

- 采取预防措施，避免运输过程中出现真菌感染或昆虫侵害风险。
  - 如果已观察到并能准确识别害虫，可在包装前施用农药。避免任何不必要的化学处理，因为这可能对收集的样品有害[②]。如果进行了处理，则需在每个包装和随附文件中进行声明。
- 对于顽拗性种子，重要的是在收集和运输过程中维持保存容器内的相对湿度（RH）来保持含水量。
  - 如可能，顽拗性种子最好在果实内运输，既可以保护种子又可以避免脱水。
  - 对于果实非常大或果实在运输过程中容易损坏的物种，在包装前收集种子，并通过表面消毒尽量减少真菌增殖。
- 接穗最好用无菌棉或其他合适的材料，包装在有孔的塑料袋中，以确保充分的空气交换。
- 使用坚硬防震信封或绝缘包装，保护样品不被机械邮件分拣机压碎和变质。
- 如可行，试管苗是种质运输的安全方式。试管苗样品应放置在无菌透明防水密封塑料瓶中，并密封包装在盒子或纸箱中，但不要太紧，可用纸团或聚苯乙烯材料以防止冲击。

运输

- 对于长时间的公路运输，可能需要定期进行通风处理，以防生活力丧失。
- 尽可能使用最快的运输方式，如空运或快递，避免暴露在不利的环境条件

---

① 《种质库标准》5.2.3。
② 许多顽拗性种子植物的果实，即使看不见，也沾染了真菌。因此，必须在运输前进行表面消毒。

下导致样品质量劣变。

- 如可能，持续跟踪包裹，以确保种质圃工作人员做好收到种质后就可以处理样品的准备。
- 对于某些作物，如芭蕉和可可，通过非产地第三国的过境或检疫中心运输种质，可能是最佳解决方案。

✓ 所有准备入圃的种质都需在指定的接收区（如植物健康部门）接受是否有损伤、污染的检查，并且采取不会改变种质生理状态的方式进行处理[①]。

- 低质量或受污染的样品不能直接在田间种植。
- 消毒灭菌，例如用表面消毒剂处理样品，用于去除所有黏附的微生物，同时考虑到在包装和运输之前进行去污处理。
- 必要时采取检疫措施。

3.2 通过转让/捐赠获取种质

✓ 捐赠的种质是合法获取的，并附有所有相关文件[②]。

- 如果捐赠机构来自《条约》签署国，且捐赠的种质属于《条约》附件1所列的作物或物种（粮农组织，1995），则必须使用标准材料转让协议（SMTA）（粮农组织，2021b、c）。
- 如果捐赠机构来自非《条约》缔约方国家，或者种质不在《条约》附件1的范围内，尽管 SMTA 可以使用，但通常还是使用材料转让协议（MTA）［亚洲蔬菜研究发展中心（AVRDC），2012］。
- 如果种质捐赠机构、育种家或其他种质提供者没有材料转让协议，种质圃最好准备一份捐赠协议，详细说明将种质转移到种质圃的条件。

✓ 捐赠的种质资源应附有粮农组织/生物多样性中心在多作物护照数据描述符中概述的相关数据[③]。

- 建议要求捐赠者提供样品时，同时提供粮农组织/生物多样性中心在多作物护照数据描述符中详述的相关数据（Alercia、Diulgheroff 和 Mackay，2015；插文1）。

✓ 种质圃要遵守国家、地区和国际植物检疫法以及其他有关部门关于进口的所有法规和要求。

当种质被转移时，有可能会随寄主样品意外引入植物病虫害。以下步骤有

---

① 《种质库标准》5.2.5。
② 《种质库标准》5.2.1。
③ 《种质库标准》5.2.2。

助于降低此类风险，同时确保符合法规和要求：

- 来自其他国家的种质，要获得提供国的植物检疫证书，以及种质圃所在国家有关当局的进口许可证（《国际植物保护公约》，2021）。
- 如需要，在样品转移到种质圃之前，要通过相关的检疫程序。
- 根据国家植物检疫部门的建议，在封闭或隔离区域进行扩繁。

✔ **所有准备入圃的种质都需在指定的接收区（如植物健康部门）接受是否有损坏、污染的检查，并且采取不会改变种质生理状态的方式进行种质处理①。**

- 低质量或受污染的样品不能直接在田间种植。
- 消毒处理，例如用表面消毒剂处理样品，用于去除所有黏附的微生物，同时考虑到在包装和运输之前进行的去污处理。
- 必要时采取检疫措施。

---

① 《种质库标准》5.2.5。

山药种质资源，印度尼西亚

4 入圃保存

建议种质圃制定适用的关于田间准备、种质和其他活体植物收集品入圃种植、种质资源保存和田间种植圃的书面政策程序（图 5）[①]。

✔**田间准备，用于种质资源安全保存。**

选址应将自然灾害和人为灾害风险降至最低[②]，重要的是还必须做好硬件准备以便进一步保护种质资源。包括以下措施：

- 若存在已知的森林火灾风险，需建立防火带。
- 设置围栏和雇用保安人员，以防止破坏、盗窃，以及大型动物侵扰。
- 安装防虫网和使用笼子，以防止昆虫、鸟类和小型哺乳动物造成损害。
- 在田间地块的外侧插入灌木篱笆，以防止农药漂移扩散，并用围栏以确保安全。
- 安装灌溉系统，在干旱或需水量较多时（例如种植、坐果期）给植株浇水。

✔**适当整地，以便种质成功入圃保存。**

根据作物类别进行整地。如除草或施用除草剂、深耕和改良酸性或碱性土壤等。

✔**设计田地和地块，包括绘制单个地块布局、电子和纸质版种植图，以及使用条形码和田间标签，是入圃保存的重要环节。**

适当的规划和种质资源鉴定对于维持遗传特性至关重要。有必要：

- 准备一份田间种植图，标明地块中每份种质资源的准确位置[③]，如可能，保留纸质版和电子版，并定期更新。
- 确保每个地块都用 2 个书写清晰的防风防水标签划定。
- 无性繁殖的一年生作物，如葱属植物，不需要固定的田间布局和规划。但是，作物轮作是必不可少的，需要稳妥规划和额外可用的空间。

[①] 参见图 5：入圃保存环节各项活动工作流程概要图。

[②] 参见"种质圃选址"章节。

[③] 《种质库标准》5.3.2。

19

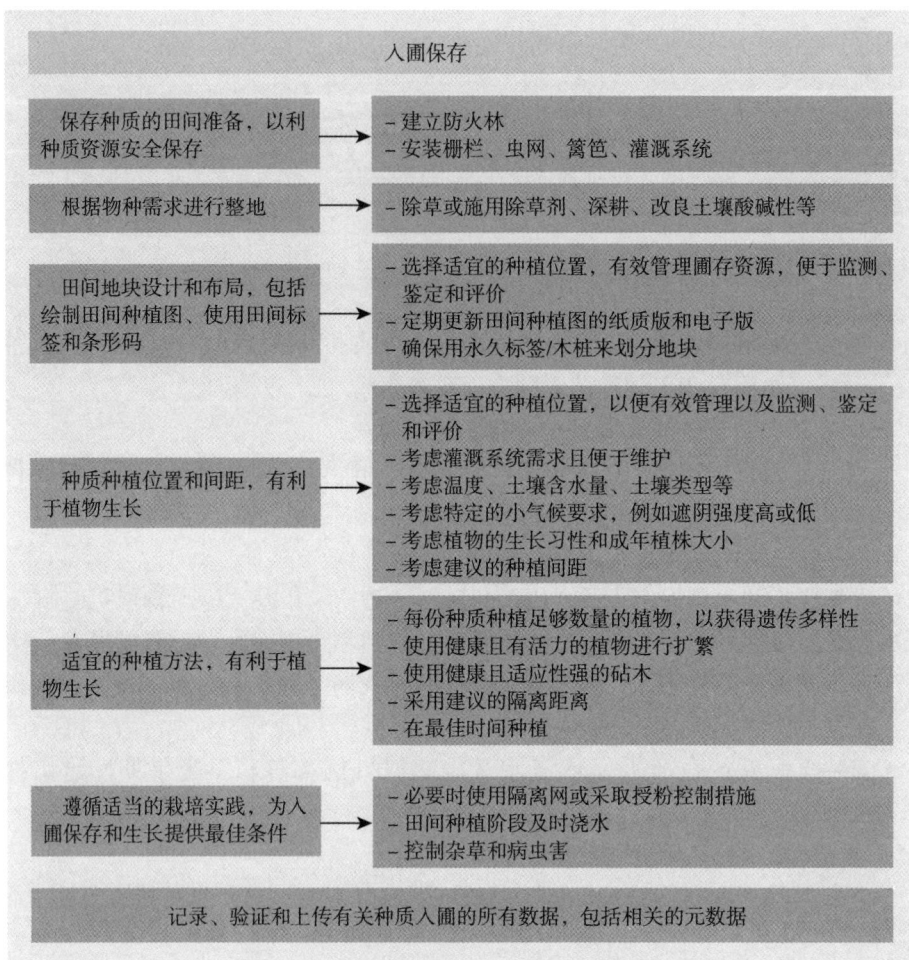

图 5 入圃保存环节各项活动工作流程概要图

✔ **在地块设计阶段，需考虑种质种植位置，以利于植物的正常生长。**

规划田间地块布局时，应注意：

• 每份种质资源的最佳位置，以便对圃存种质进行有效管理，便于监测、鉴定和评价。

• 需要灌溉设施和易于维护。

• 温度、土壤含水量、土壤类型等。

• 特定的小气候需求，如遮阴强度高或低。

如果空间允许，应在同一块田地种植对照组，以方便鉴定。

✔ **种质植株间应保持适当间距，有利于植物的正常生长。**

在计算地块面积时，应考虑植物的生长习性和成年植株的大小。在需要时，应确定并遵循建议的种植间距以阻止异花授粉。

✓ **种植足够数量的个体维持遗传多样性，以确保每份种质的安全[1]。**

为了确定每份种质需种的个体数量，有必要区分一年生、两年生和多年生作物，以及是通过种子繁殖还是无性繁殖。特别建议考虑以下事项：

- 种子繁殖类，植株数应足够多，以代表种质内的多样性[2]。
- 由于无性繁殖物种的一致性，只需要少量植株就可以代表种质的遗传多样性并确保其安全保存[3]。
- 对于雌雄异株的树种，如冬青、芦笋和椰枣树，应种植适量的雄性/雌性亲本。

✓ **扩繁和种植时应使用健康的种质和有活力的组织。**

应严格控制植物引种入圃保存时，引入病虫害。对于那些通过嫁接繁殖的物种，选择无病毒且适应环境的砧木尤为重要。砧木的选择对接穗的状态和特性有影响，将影响种质的鉴定和评价数据。

✓ **栽培实践为植株入圃提供了最佳条件[4]。**

针对目标物种采用适宜的栽培技术对于成功入圃和有效保存十分重要，确保植株健康状态和最佳保存寿命。这些做法包括：

- 明确物种/类群的种植时间[5]（粮农组织，2021d）。
- 使用适应当地条件的砧木。
- 对于起源于自然林区的作物野生近缘种而言，需在种质圃场地配置高强度遮阴设施和良好的排水条件，以模拟自然生长条件：
  ○对于需要遮阴树的植物，要根据种质类型和当地条件选择遮阴树。
- 控制杂草，使植物快速且旺盛地生长。
- 监测和处理病虫害。
- 严格控制避免植物引种入圃保存时引入病虫害。
- 必要时使用隔离网或采取授粉控制措施进行扩繁。

✓ **入圃保存的所有数据，包括相关的元数据，都应进行记录、验证并上传到种质圃信息管理系统。**

包括：在种质入圃保存和管理过程中，田间和地块设计、单个地块布局、

---

① 《种质库标准》5.3.1。

② 可参考种质资源收集做法。

③ 通常，对于大多数无性繁殖物种，每份种质保存 3～6 株植株。对于块根和块茎类作物，包括需要频繁或定期收获和重新种植的一年生、二年生和多年生作物，保存的植株数从 8 株（芋）到 50 株（葱、大蒜）不等。

④ 《种质库标准》5.3.3。

⑤ 可参考粮农组织出版的拉丁美洲和非洲的作物日历。

电子版和纸质版种植图、条形码、种植/嫁接日期、每份种质入圃保存植株数、扩繁类型（扦插、块茎、球茎、鳞茎、种子）、种植方法、栽培方法（间距、除草、灌溉、肥料、农药施用等）。可使用电子设备以避免抄写错误，且便于上传到种质圃信息管理系统。使用不褪色的墨水笔（或铅笔）记录数据，字迹要清晰可辨；使用条形码标签和条形码读码器有助于种质管理，并且可以减少人为错误。

TINGLIK
SAHƏSI

榛种质资源，阿塞拜疆

5 田间管理

建议种质圃制定适用的关于种质圃和活体植株保存的书面政策和程序，包括种质资源的清理、田间管理流程、栽培方法、身份信息验证和监测的分步说明（图6）①。

✔ **植物生长和保存应按照最佳的栽培方法进行**②。

适宜的栽培方法对于确保植物最适生长和最佳保存寿命至关重要。在入圃保存后，重要的是为圃存种质资源持续提供生长和存活的有利条件。栽培方法包括：

- 在干旱或高需水期（坐果期）供水。
- 根据植物类型调整肥料施用。
- 必要时进行杂草控制。
- 根据需要采取其他措施，如防冻和防冰雹措施。
- 如有需要，提供防鸟网。
- 定期进行修剪，使植株大小保持在可接受范围内，若为木本植物，则修剪树冠，满足充足光照利于结果。
- 为藤蔓生长的物种（香草、许多豆类、葫芦等）提供支撑结构（树木、木棍、电线等）。
- 定期监测种质资源的生长和状态。

✔ **维持种质资源的遗传完整性。**

需进行田间管理，以防止种质资源间发生任何污染，包括防止与邻近植物发生基因流动和野生植物混杂③。最佳做法包括：

- 清除杂种幼苗。
- 对于那些分发种子的异交物种，保持足够的距离或设置屏障作物。
- 对于一年生和两年生物种，重要的是：

---

① 参见图6：田间管理环节各项活动工作流程概要图。
② 《种质库标准》5.4.2。
③ 《种质库标准》5.4.3。

○定期监测圃存种质，确保每份种质及其每株植物标识正确。

○定期使用田间种植图查验种质保存标签。

○将每份种质的每一棵植株与地块布局图进行比较。

○如可能，使用形态学和分子标记定期核验每份种质的身份真实性。

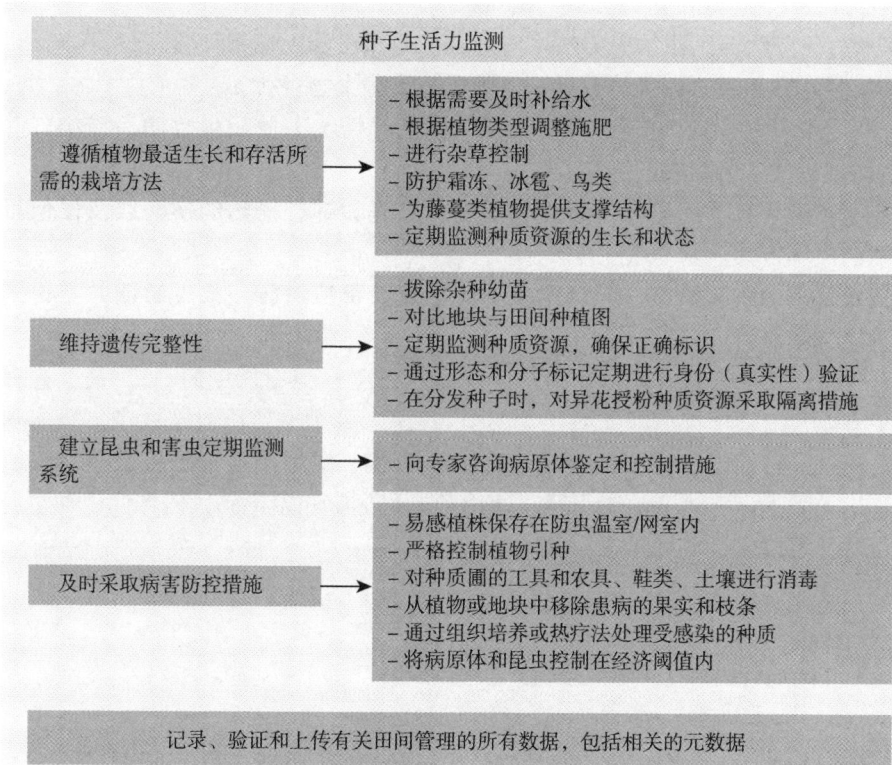

种子生活力监测

| 遵循植物最适生长和存活所需的栽培方法 → | – 根据需要及时补给水
– 根据植物类型调整施肥
– 进行杂草控制
– 防护霜冻、冰雹、鸟类
– 为藤蔓类植物提供支撑结构
– 定期监测种质资源的生长和状态 |

| 维持遗传完整性 → | – 拔除杂种幼苗
– 对比地块与田间种植图
– 定期监测种质资源，确保正确标识
– 通过形态和分子标记定期进行身份（真实性）验证
– 在分发种子时，对异花授粉种质资源采取隔离措施 |

| 建立昆虫和害虫定期监测系统 → | – 向专家咨询病原体鉴定和控制措施 |

| 及时采取病害防控措施 → | – 易感植株保存在防虫温室/网室内
– 严格控制植物引种
– 对种质圃的工具和农具、鞋类、土壤进行消毒
– 从植物或地块中移除患病的果实和枝条
– 通过组织培养或热疗法处理受感染的种质
– 将病原体和昆虫控制在经济阈值内 |

记录、验证和上传有关田间管理的所有数据，包括相关的元数据

图 6   田间管理环节各项活动工作流程概要图

✓ **建立影响保存作物的所有相关病虫害的常规监测和准确识别系统**[①]。

常规监测种质资源是否存在病虫害，有助于避免资源丧失。与专家合作，如病毒学家和线虫学家等植物病理学家，有助于正确鉴别病虫害，并获得有关防控措施的建议。

✓ **及时采取病害防控措施。**

为保障种质资源的安全，需要采取病害防控措施，例如：

• 将易感植株保存在防虫的网室内，以免受虫媒携带的病毒病侵害。

• 对种质圃的工具和农具、鞋类、土壤进行适当消毒。

---

① 《种质库标准》5.4.1。

25

- 从植株上和田间，清除任何受感染的、患病的果实和枝条（包括植株残骸），以避免有害昆虫或传播病害的昆虫滋生，或为下一季作物积聚微生物。
- 定期使用酶联免疫吸附试验（ELISA）和基于 DNA 的逆转录酶 PCR（RT - PCR）等植物检测试剂盒对种质进行病毒筛查。
- 通过热疗法或组织培养方法，清除任何受感染的无性系种质。
- 控制昆虫和病原体群体数量，以避免重大病虫害侵扰。
- 利用虫害综合管理（IPM），包括在可能的情况下使用生物防治措施，并辅以机械防治和农药施用。

✔ 定期监测所有种质资源是否受到昆虫、鸟类和哺乳动物的伤害以及任何可能的破坏行为。

✔ 田间管理的所有数据，包括相关的元数据，都应进行记录、验证并上传到种质圃信息管理系统。

    包括：栽培方法（间距、除草、灌溉、施肥、施用杀虫剂等）、是否存在病虫害以及清理植株（濒死或死亡的植物等）。可考虑使用电子设备，以避免抄写错误，且便于上传到种质圃信息管理系统。使用不褪色的墨水笔（或铅笔）记录数据，字迹要清晰可辨。使用条形码标签和条形码读码器便于种质管理，并且可以减少人为错误。

温室扩繁，热带农业研究与高等教育中心（CATIE），哥斯达黎加

6　更新和扩繁

种质圃应制定适用于种质资源更新和扩繁的书面政策和程序，分步指导说明包括：核查处理、授粉控制、真实性验证、扩繁方法以及资料汇编（图7）[①]。
✔**定期监测圃存种质资源是否存在濒死或死亡植株。**

植物可能会因不同的气候、环境或生物因素导致失去生活力或死亡。为种质圃保存的种质资源设定生活力阈值非常重要[②]。低于阈值的种质资源则需要更新。为了最大限度地利用种质圃地块，应更换死亡的植株[③]。

理想情况下，基因库信息管理系统包括用于检查库存和植物健康状况的自动化工具，以及标记需要更新和扩繁的种质资源。也要考虑实际情况，以避免种植过多数量。

✔**更新时间计划应与作物的正常种植季节相吻合。**

更新，就像入圃保存一样，具有物种特异性，可能也有地点特定性。应采取适宜方法确保成功，例如：

- 砧木培育要有计划性，确保接穗可用时，砧木在扩繁的最佳季节以适宜的大小进行嫁接。
- 当繁殖体开始萌芽或母株即将死亡时，进行扩繁。
- 清楚地了解物种/类群的种植时间（粮农组织，2021d）[④]。

✔**尽量采用无性繁殖方式，以确保每个后代都是亲本植株的遗传副本。**

理想情况下，应使用保持原真性的种质进行扩繁，以确保种质的遗传完整性[⑤]。不建议在田间收集中使用种子进行扩繁，除非这个群体可以由足够数量的植株代表。做法包括：

- 选择生根、萌芽和嫁接的方式进行无性繁殖［扩繁技术举例，见"和平之根"（Roots of Peace），2007］。

---

① 参见图7：更新和扩繁环节各项活动工作流程概要图。
② 见"入圃保存"章节。
③ 《种质库标准》5.5.1。
④ 可参考粮农组织出版的拉丁美洲和非洲的作物日历。
⑤ 《种质库标准》5.5.2。

更新和扩繁	
定期监测种质资源，关注濒死或死亡的植株	– 每份种质资源设置植株健康度和数量的阈值
更新时间计划应与作物的正常种植季节相吻合	– 砧木培育要有计划性 – 当繁殖体开始萌芽或母株即将死亡时，进行扩繁 – 如适用，参考联合国粮农组织出版的拉丁美洲和非洲的作物日历
采用无性繁殖方式（推荐做法）	– 选择生根、萌芽和嫁接的方式 – 将用于扩繁的种质储存在专用设施中 – 可用根蘖（例如可食用的天南星科植物） – 定期监测原真性
一年生作物种质资源要配有简便易行的贮藏设施	– 进行必须的预处理（消毒） – 根据需要，保存在低温条件下（例如，马铃薯、甘薯、山药和木薯） – 无需低温、室温贮藏即可的物种，繁殖体应储存在网袋中 – 以茎形式储存的物种，可成捆或在聚乙烯袋里贮藏，切割端用蜡覆盖，以防止脱水 – 每周监测种质（是否有腐烂、虫害） – 在保存容器内外贴上标签进行标识
采用适宜的田间管理和栽培方法	
在田间验证种质资源的原真性	– 在同一田间地块，使用对照种质资源，以识别身份真实性 – 使用植物标本/图像，辅助核实身份真实性 – 观察种质资源的同质性/异质性 – 如可行，使用分子标记分析
记录、验证并上传有关更新和扩繁的所有数据，包括相关的元数据	

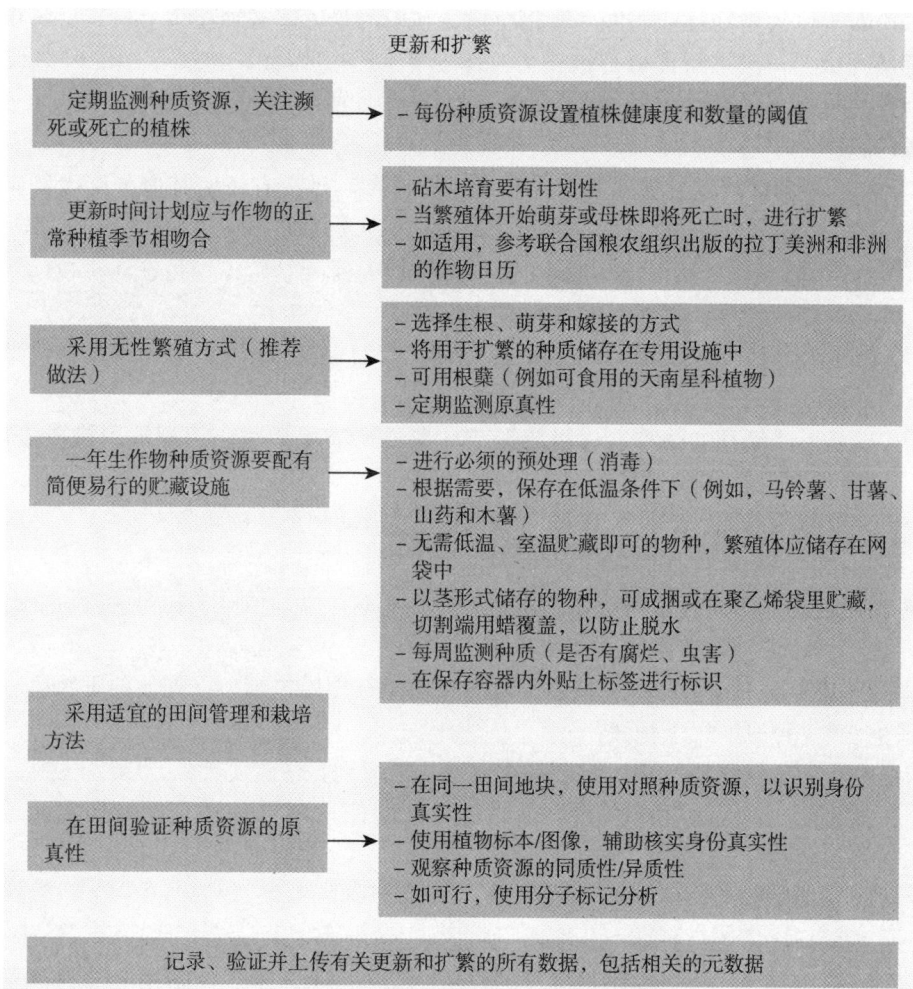

图 7　更新和扩繁环节各项活动工作流程概要图

- 将用于扩繁的种质储存在专用设施中（例如温室或网室，离体保存或冰箱）以确保健康。
- 根蘖型的种质，例如可食用的天南星科植物，可等其吸盘发育并繁育，延长扩繁间隔期[①]。
- 定期监测多年生灌木和乔木类种质的原真性。

✓就一年生作物而言，要配有贮藏设施，用于每年收获营养繁殖体并储存到下一个种植季节。

---

① 只有当收集时，没有主根、叶受病害时，才建议这样做。

　　对于一年生物种，如许多葱属植物，它们的繁殖体必须在每个季节收获并重新种植。每次重新种植都被视为一个扩繁周期。因此，需要专用的贮藏设施，尽可能不受昆虫、啮齿动物和其他小型哺乳动物侵扰。建议采取以下做法：

- 在贮藏前，繁殖体应未受昆虫和线虫的损害，且没有任何其他可见病害症状。有必要在收获后和贮藏前对繁殖体进行预处理。
- 马铃薯、甘薯、山药和木薯等块茎类作物的营养繁殖体，可在 4～20℃ 条件下贮藏数月，直到下一个种植季。
- 在室温条件下贮藏繁殖体的物种，可将繁殖体储存在网袋中，或在木制或塑料制成的开盖盒子中，保证空气流通。
- 以茎形式储存的物种，可以成捆或在聚乙烯袋里贮藏，切割端用蜡覆盖，防止贮藏过程中过度脱水。
- 建议每周监测种质是否有腐烂、虫害或啮齿动物损坏的迹象。
- 保存的繁殖体应在保存容器内外贴上标签进行标识。

✓ **采用适宜的田间管理和栽培方法[①]。**

✓ **在田间验证种质资源的原真性。**

　　理想情况下，应使用保持原真性的种质进行初始扩繁，以确保种质的遗传完整性[②]。可采取以下做法：

- 在同一田间地块，使用对照种质资源，以识别身份真实性。
- 如需要，使用植物标本和数字高清凭证图像，核实种质身份（真实性），包括植物分类学鉴定和验证。
- 观察种质资源的同质性/异质性。
- 如可行，使用分子标记分析。

✓ **更新的所有数据，包括相关的元数据，都应进行记录、验证并上传到种质圃信息管理系统[③]。**

　　包括：更新或复壮地点、扩繁类型（插条、块茎、球茎、鳞茎、种子）、种植日期、扩繁植株的成活率、采用的管理方法、种植方法、田间条件、每份种质资源入圃保存数量和收获日期。可使用电子设备，以避免抄写错误，且便于上传到种质圃信息管理系统。使用不褪色的墨水笔（或铅笔）记录数据，字迹要清晰可辨。使用条形码标签和条形码读码器便于种质管理，并且可以减少人为错误。

---

① 见"入圃保存"章节。

② 《种质库标准》5.5.2。

③ 《种质库标准》5.5.3。

芋种质资源，植物遗传资源研究所，加纳

7 鉴 定

推荐种质圃制定适用于种质鉴定的书面政策和程序，分步指导说明包括：取样技术、鉴定数据采集的生长季、使用的描述符（分类学、形态学、表型学、生物化学、营养学、生理学和分子学）以及数据采集和验证方式（图 8）[①]。

✓ **尽可能快地对尽可能多的种质资源进行鉴定。**

理想情况下，应尽快对所有种质资源进行鉴定[②]。种质收集是鉴定的重要途径。对于所有物种，要鉴定每份种质的代表性核心种质[③]。鉴定信息获得的越早，种质就越有可能得到利用。工作人员必须在数据记录和田间工作方面受过良好培训。

✓ **多年生圃存资源在成熟期进行鉴定。**

多年生圃存资源植物一直在田间，因此它们的表型鉴定较容易进行。在适宜的时间，进行性状评分，如有必要，也可以多年重复进行。

✓ **一年生物种的鉴定可以在更新时进行。**

与多年生物种不同，一年生植物（如葱属植物）通常每年都需更新。最佳措施包括：

• 采用精心挑选的核对（对照）材料或品种，以及尽可能重复的增广试验设计，以获得可靠的鉴定数据（国际植物遗传资源研究所，2001）[④]。

• 创建种植前已绘制的田间种植图的纸质版和电子版档案。

• 清楚标识地块（最好有条形码）。

最好是尽可能地同时鉴定多份种质，以提高效率。

✓ **应对种质的一系列高度可遗传的形态特征进行鉴定，而且不同物种的特定鉴定程序需基于标准化和经校正的测量格式和类别，并尽可能采用国际通用的描述符清单[⑤]。**

---

① 参见图 8：鉴定环节各项活动的工作流程概要图。
② 《种质库标准》5.6.1。
③ 《种质库标准》5.6.2。
④ 《种质库标准》6.4。
⑤ 《种质库标准》5.6.3。

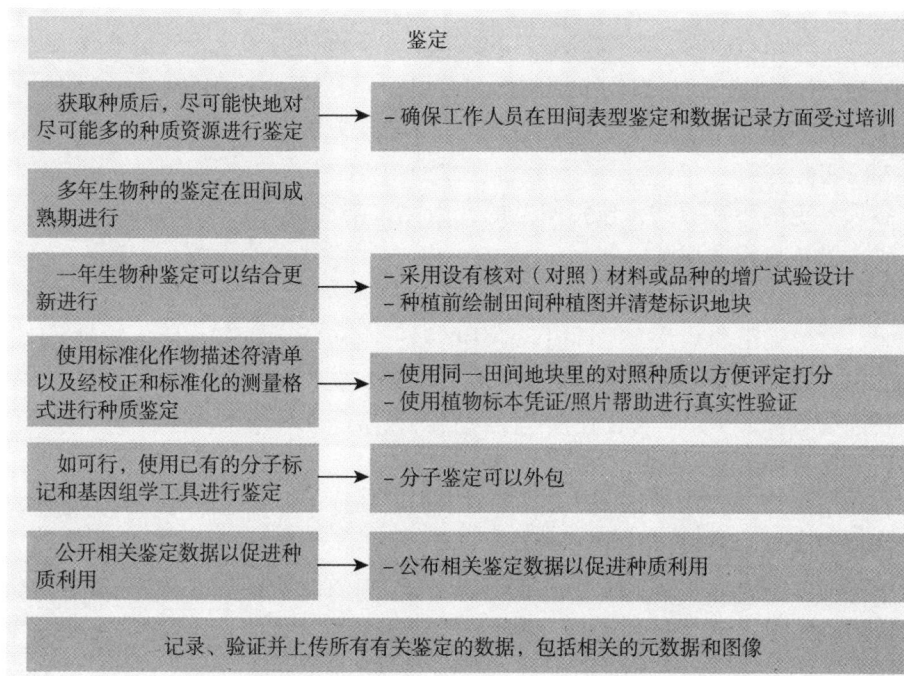

鉴定	
获取种质后，尽可能快地对尽可能多的种质资源进行鉴定	→ – 确保工作人员在田间表型鉴定和数据记录方面受过培训
多年生物种的鉴定在田间成熟期进行	
一年生物种鉴定可以结合更新进行	→ – 采用设有核对（对照）材料或品种的增广试验设计 – 种植前绘制田间种植图并清楚标识地块
使用标准化作物描述符清单以及经校正和标准化的测量格式进行种质鉴定	→ – 使用同一田间地块里的对照种质以方便评定打分 – 使用植物标本凭证/照片帮助进行真实性验证
如可行，使用已有的分子标记和基因组学工具进行鉴定	→ – 分子鉴定可以外包
公开相关鉴定数据以促进种质利用	→ – 公布相关鉴定数据以促进种质利用
记录、验证并上传所有有关鉴定的数据，包括相关的元数据和图像	

图 8　鉴定环节各项活动的工作流程概要图

使用标准化的作物描述符清单以及经校正和标准化的测量格式，有助于不同国家和不同研究单位之间的数据比较[①]。例如国际生物多样性中心（2018）、国际植物新品种保护联盟（UPOV，2011）、美国国家植物种质资源系统（USDA - ARS，2021），已经制定了许多作物描述符清单。如果一个物种缺乏现成的描述符清单，建议使用国际生物多样性中心的作物描述符清单研发指南（国际生物多样性中心，2007）。需要考虑以下几方面内容：

- 使用同一田间地块里的对照种质以方便评定打分。
- 如有必要，可以使用植物标本和尽可能高清数字凭证图像来指导真实性识别，包括分类学鉴定和必要时进行核实。
- 观察记录种质的遗传同质性或遗传异质性。
- 为了获得同一份种质的不同植株间的变异信息，对于变异性比较高的物种，需对单株进行测量而不是对地块进行测量。

✓如可行，使用分子标记和基因组学工具进行鉴定，以补充表型鉴定。

---

① 《种质库标准》5.6.4。

33

　　分子标记有助于确保植物的真实性，帮助识别贴错标签的植物和重复种质[①]。分子标记还可以用来检测遗传多样性以及物种内和物种间的亲缘关系。分子标记比较稳定，可以用于检测所有组织。分子标记技术包括基于DNA的标记和直接测序。根据需要和已有资料选择最佳方法[②]。分子鉴定工作可外包给专门实验室。

✔ **种质鉴定的所有数据，包括相关的元数据，都应进行记录、验证并上传到种质圃信息管理系统。**

　　鉴定的数据包括：种植和收获日期；栽培管理措施（间距、除草、灌溉、施肥、农药施用等）及施用日期；使用的对照材料或品种（一年生物种）、测量的描述符及其结果、记录日期、负责人员；实验室技术（分子技术等）、实施日期和负责人员。可考虑使用电子设备，以避免抄写错误，且便于上传到种质圃信息管理系统。使用不褪色的墨水笔（或铅笔）记录数据，字迹要清晰可辨。使用条形码标签和条形码读码器便于种质管理，并且可以减少人为错误。

✔ **公开相关鉴定数据。**

　　选择性地向种质圃、国家、地区和全球范围的种质潜在使用者公开鉴定数据，有助于促进种质利用（见"信息汇编"章节）。因此，强烈建议公布鉴定数据。

---

① 《种质库标准》5.6.3。

② 在网上和纸质书上均能查到大量关于分子标记技术方面的资料。参见"更多信息和文献"一章。

Pisang Serun
(AA)

蕉类种质资源圃，乌干达

8 评 价

　　建议种质圃制定适用于种质评价的书面政策和程序，分步指导说明包括：采集评价数据的生长季、采集的数据（农艺性状、生物抗性、非生物耐性和营养品质）以及数据分析和验证方式（图9）①。应准确记录评价的方法（方案）、形式和措施并附引文。

✔ **应根据实际情况，尽可能通过实验室、温室和田间试验获得多份种质的评价数据。**

　　理想的情况是所有种质都能得到评价，以最大程度发挥其效用。事实上，种质圃通常只能评价其中一部分种质。因此，需加强与国家或国际研究机构、不同农业生态环境条件的田间试验站、国家或地区遗传资源协作网络成员之间的合作。如果共享的种质是用于评价，那么建议要求反馈其评价数据并上传到种质圃信息管理系统。

✔ **使用设置重复的试验设计并进行多环境、多年评价②。**

　　像产量和株高这类在评价中需要测量的性状，大多是由多基因控制的数量遗传性状，在评价期间性状的测量受环境影响很大。因此，更难测量。由于基因型与环境之间（G×E）的互作效应强，诸如产量性状及其组成部分具有地点特异性。最佳做法包括：

- 在统计设计中应定义和识别对照种质或品种，并要延续使用，因它们有助于不同地点和年份间的数据比较。
- 与植物育种家和其他专家，例如病毒学家、昆虫学家、真菌学家、植物病理学家、化学家、分子生物学家和统计学家一起确定需要评价的性状，需检测的样品，以及实施的试验设计。
- 使用适宜的筛选方案，确保所用方案国际通用。
- 创建种植前已绘制的田间种植图的纸质版和电子版档案。
- 清楚标识温室或网室（最好有条形码）。

---

① 参见图9：评价环节各项活动的工作流程概要图。
② 《种质库标准》5.7.3。

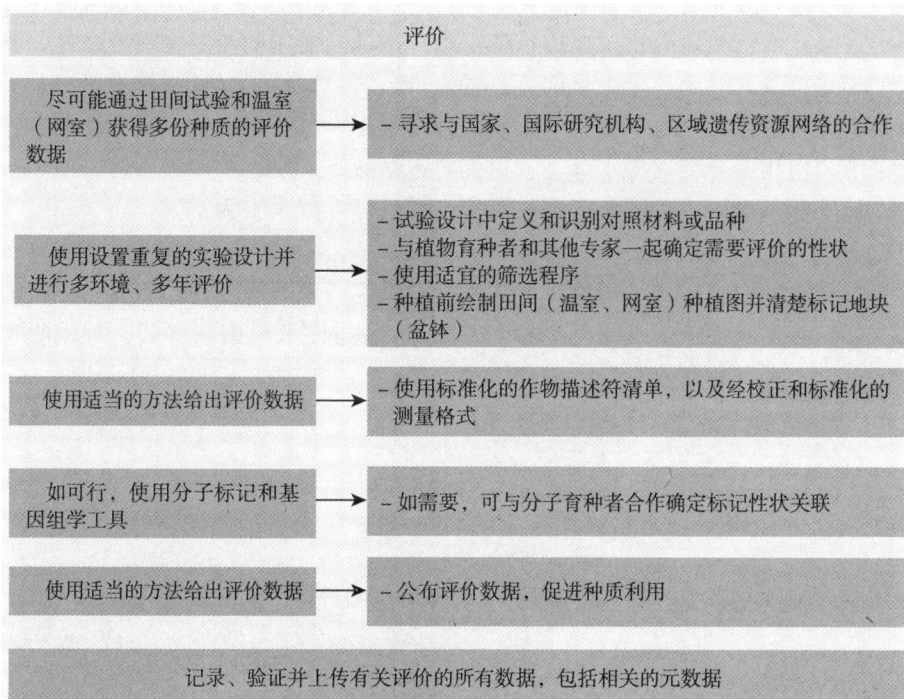

图 9　评价环节各项活动的工作流程概要图

✔ **使用适当的方法提供评价数据。**

使用标准化的作物描述符清单，以及经校正和标准化的测量格式，有助于不同国家和不同研究单位之间的数据比较（见"鉴定"章节）。根据测量法确定数据是离散值（如病害严重程度或非生物胁迫症状严重程度评分）还是连续值（例如长度、高度、重量）。

✔ **如可行，使用分子标记和基因组学工具进行评价。**

利用与农艺性状紧密连锁的分子标记为种质评价提供一种快速且相对便宜的筛选方法。分子标记也很适合用来检测遗传多样性以及物种内和物种间的亲缘关系。分子标记比较稳定，可以用于所有组织的检测。分子标记技术包括基于 DNA 的标记和直接测序。根据需要和已有资料选择最佳方法[1]。如需要，可与分子育种者合作，确定标记性状关联。

✔ **种质评价的所有数据，包括相关的元数据，都应进行记录、验证并上传到种质圃信息管理系统[2]。**

---

[1] 在网上和纸质书上均能查到大量关于分子标记技术方面的资料。参见"更多信息和文献"一章。

[2] 《种质库标准》5.7.2。

要考虑的数据包括：地点、种植和收获日期、栽培管理措施（间距、除草、灌溉、农药施用等）及施用日期；重复次数、使用的对照材料或品种、测量的描述符及其结果、记录日期、负责人员；实验室技术（分子技术等）及实施日期。可考虑使用电子设备，以避免抄写错误，且便于上传到种质圃信息管理系统。使用不褪色的墨水笔（或铅笔）记录数据，字迹要清晰可辨。使用条形码标签和条形码读码器便于种质管理，并且可以减少人为错误。

✔ **公开相关评价数据。**

选择性地向种质圃、国家、地区和全球范围的种质潜在使用者公布评价数据，促进种质利用（见"信息汇编"章节）。公布评价数据还将促进种质收集品的利用，尤其是植物育种者的利用。

种质库信息汇编，澳大利亚牧草种质库

9 信息汇编

　　建议种质圃制定适用于管理种质圃数据和信息的书面政策和程序，包括数据共享指南（图10）[①]。

✔ **专门为种质圃开发种质圃信息管理系统，或者改编现有的某个系统。**

　　理想的种质圃信息系统应能够管理有关圃存种质保存与利用的所有数据和信息，包括护照、田间种植和管理、更新、鉴定、评价和数据及元数据分发[②]。应提供内置的自动化工具，用于检查圃存数量和植株健康状况，以及标识出需更新的种质。

　　GRIN-Global是由美国农业部农业研究局、全球作物多样性信托基金、国际生物多样性中心开发的系统。利用该系统，种质圃能够对植物遗传资源有关信息进行存储和管理，并免费获取（GRIN-Global，2021）。类似系统还有亚洲蔬菜研究发展中心（AVRDC）蔬菜遗传资源信息系统（AVGRIS）（AVRDC，2021）、德国种质圃信息系统（GBIS）（GBIS/I，2021）和巴西农业研究公司（Embrapa）Alelo系统（Embrapa，2021）。

✔ **采用国际数据标准，确保不同信息系统和项目计划间共享数据的一致性。**

　　采用粮农组织/生物多样性中心的多作物护照数据描述符（Alercia、Diulgheroff和Mackay，2015）记录种质护照信息数据，采用标准的、国际商定的、作物专用的描述规范记录种质鉴定和评价信息[③]，将有利于不同国家和机构间的数据交换和种质对比。理想情况下，种质圃所有圃存种质都应有护照数据[④]。

　　一个唯一的、永久的种质编号是正确进行信息管理和标识的关键。在不同信息系统和不同组织间进行信息共享时，也可以利用数字对象标识符（DOI）（Alercia、Diulgheroff和Mackay，2015；粮农组织，2021a），但DOI不能取

[①]　参见图10：信息汇编环节各项活动工作流程概要图。

[②]　《种质库标准》5.8.1和5.8.2。

[③]　参见"鉴定"和"评价"章节。

[④]　《种质库标准》5.8.1。

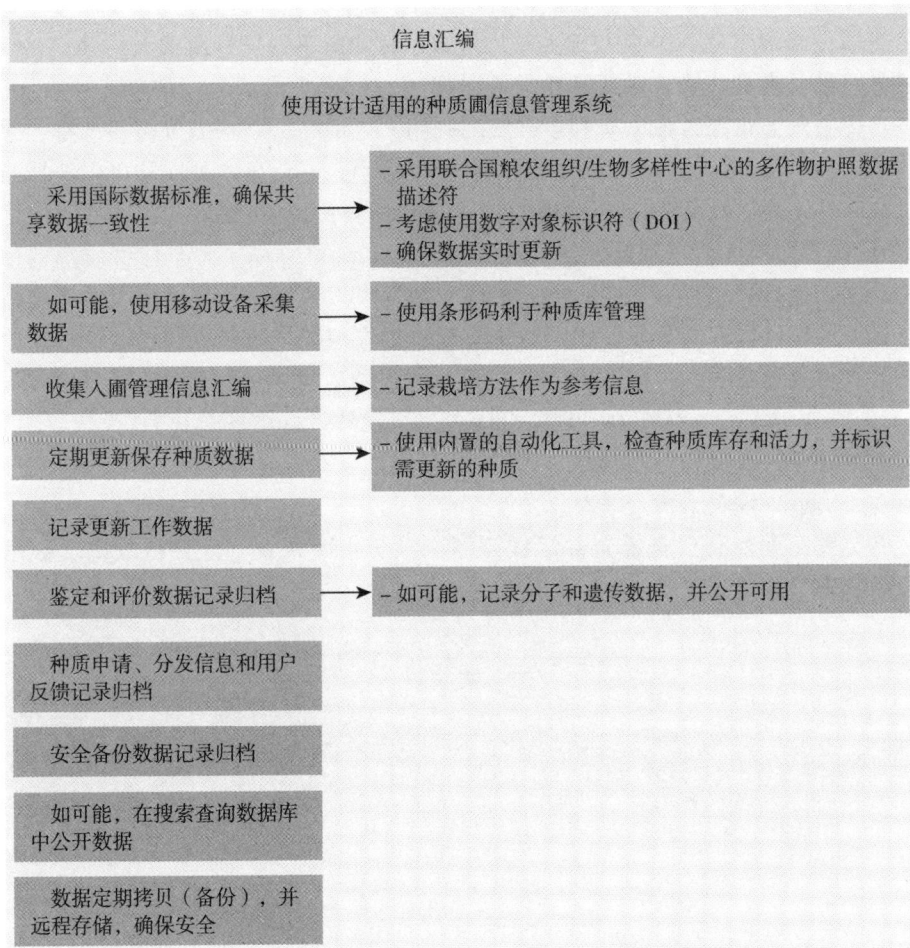

图 10 信息汇编环节各项活动工作流程概要图

代种质圃唯一、永久的种质编号。

✔**与种质保护和利用相关的所有数据和信息，包括图像和元数据，需经审核并上传到种质圃信息管理系统[①]。**

　　重要的是让工作人员接受数据记录和录入方面的培训，以便与信息汇编人员、种质收集负责人紧密合作。最好有工作人员专项负责管理种质圃信息管理系统，确保数据实时更新。建议种质圃负责人和信息汇编人员对数据进行审核，之后再上传到种质圃信息管理系统。

✔**如可能，使用移动设备采集数据。**

---

① 《种质库标准》5.8.3。

使用条形码便于种质圃管理，特别是文件资料记录归档。

✔纸质记录数字化，并采取相关措施检查手写和电子数据抄写录入错误。

✔如可能，在搜索查询数据库中公开数据。

种质圃公布圃存数据有利于种质的利用，可提高种质圃的价值和声望。并非每个种质圃都运维一个门户网站，供外部访问获取信息。种质圃可以选择通过全球作物多样性信托基金管理的国际全球门户网站 Genesys 系统提供信息（全球作物多样性信托基金，2021）。Genesys 系统可共享来自全球种质圃的种质数据，包括种质护照信息、鉴定和评价数据，以及种质收集地相关的环境信息，以促进种质资源分发。也可以选择通过粮农组织全球粮食和农业植物遗传资源信息及预警系统（WIEWS），公开种质圃种质护照信息数据（粮农组织，2021e）。WIEWS 系统作为实现联合国可持续发展目标中的具体目标 2.5 中植物领域任务的数据库（联合国，2021），存储并发布了全球最大的异地收集种质护照信息（粮农组织，2021f）。

✔数据需定期复制（备份）并远程存储，以防止因火灾、计算机故障、数据泄露等造成的损失。

甘薯种质资源，坦桑尼亚农业研究所

10 分　发

　　建议种质圃制定适用于种质分发的书面政策和程序，包括核查法律履行情况、植物检疫及其他法规和要求，转运前准备和转运后流程的分步指导，以及必要时向《条约》秘书处、国家联络点或其他指定授权机构报告（图 11）[①]。

✔ 种质圃要遵守国家、区域和国际法规和协议[②]。

　　种质资源分发过程受国家和国际法规的监管。当种质分发方面出现问题时，种质圃应与指定机构进行沟通。以下信息有助于确保合规：

- 如果种质分发涉及其他国家，种质圃应与《条约》秘书处、国家联络点或其他指定授权机构进行沟通。

- 如果种质圃所在国为《条约》缔约国，提供的作物或物种已列入《条约》附件 1（粮农组织，1995），分发用途与《条约》中的预期用途（粮食和农业领域研究、育种和培训）一致，需使用标准材料转让协议（粮农组织，2021b，2021c）。

- 如果种质圃所在国不是《条约》缔约国，或种质未列入《条约》附件 1，建议与种质接收方就种质资源分发相关的条款和条件达成协议，例如，包含种质或其衍生品的利用和后续共享、数据报告等。通常使用材料转让协议（AVRDC，2012），也可以使用标准材料转让协议。

✔ 为任何特定物种，制定繁殖体分发数量政策。

　　提出申请时，若圃存数量太少且没有替代种质，需待种质更新后，重新提出申请再提供。对于一些物种和某些用途，少量样品也足够。

✔ 要求提供并获得所需的文件资料。

　　应向种质接收国的国家主管部门了解进口许可相关法律法规，明确有关植物检疫及包装等方面的进口要求。接收国通常需要植物检疫证书、附加声明、赠与证明、无商业价值证明和进口许可证等文件材料。

---

① 参见图 11：种质分发环节各项活动工作流程概要图。
② 《种质库标准》5.9.1。

分发	
种质圃要遵守国家、区域和国际法规和协议	– 若为《条约》签署国、附件1所列种质资源，使用标准材料转让协议 – 若不适用标准材料转让协议，可与种质接收方达成材料转让协议（也可使用标准材料转让协议）
确定每份种质的繁殖体分发数量原则	– 对繁殖体太少的种质资源进行更新
要求并获得所需的文件资料	– 需要从接收方国家当局获得进口许可
在种质分发前，无性繁殖材料需消毒处理和检测	– 应用表面消毒方法 – 对已知病毒进行检测
国家植物保护机构同意安排种质检查，并签发相关植物检疫证书	
样品应仔细贴上标签，处理过程中样品不混杂	– 使用机打标签，减少抄写录入错误 – 每个包装内外都应有标识
所需文件资料需放置在件内部和外部	– 包括种质数据（种质标识信息、样品数量和关键护照信息数据）；进口许可证、植物检疫证书和报关单 – 通过电子邮件提前将扫描的文档发送给接收方
包装并运输，确保安全及时送达	– 关于包装和运输建议，与"种质获取"章节内容类似
获得种质状态和到达状况	– 跟踪货运信息，并与接收方联系
记录、验证并上传所有分发和交换日期，包括相关的元数据	

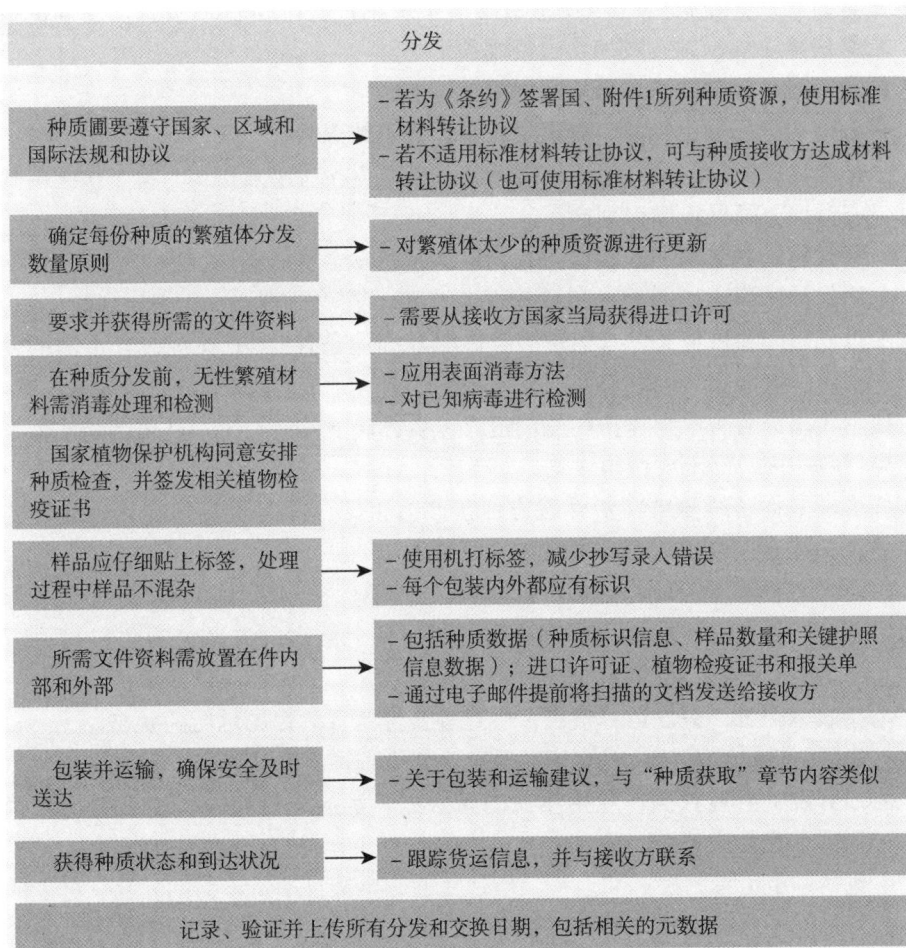

图 11　种质分发环节各项活动工作流程概要图

✔**来自种质圃的无性繁殖种质，在分发给种质资源使用者之前，要经过处理和检测。**

- 表面消毒，去除田间种植或温室、网室种植种质外植体（离体）上的污染物。

  ○例如使用漂白剂溶液、热水处理和水溶臭氧进行灭菌（Umber 等，2020）。

- 对无性繁殖种质进行检测，并确保无已知病毒。

  ○开发酶联免疫吸附测定（ELISA）、聚合酶链式反应（PCR）、逆转录PCR（RT－PCR）和基于非放射性核酸杂交探针（NASH）技术等常规检测技术，通过验证成为常规测试（Selvarajan 等，2009）。

✓**主管当局或代理机构（即国家植物保护机构）安排检查或检测，以确保符合其法律法规，并签发植物检疫相关证书。**

✓**尽量缩短从收到申请到分发的时间。**

✓**仔细地给样品贴上标签，处理过程中样品不能混杂。**

正确标识样品，最好使用机打标签，以减少抄写录入错误。每个包装内外都应有标识，确保正确识别样品。

✓**选择适宜的包装材质和运输方式，确保样品安全及时送达。**

确保种质到达目的地种质圃时状态良好，注意文件处理所需时间、装运期、过境时间和过境条件（热带国家高温和高湿条件）。有关包装和运输的建议与种质获取的相关内容类似（见"种质获取"章节）。如果分发离体试管苗，应使用无菌透明防水密封塑料瓶，密封包装在盒子或纸箱中，可用纸团或聚苯乙烯材料防撞，但不要包得太紧。

✓**需要的文件资料要放在货件里方便接收方查阅，同时也要附在货件包装外供海关检查，以确保顺利过境和边境检查[①]。**

建议在装运货物时附上相关资料[②]，如种质数据（分类清单，包括种质标识信息、样品数量和重量，以及关键的护照信息数据）并酌情提供进口许可证、植物检疫证书或报关单。

✓**与接收方跟进，关注运输情况，检查种质资源抵达目的地时的状态。**

建议与接收方对接，关注货运信息，并检查种质的状态。

✓**种质分发的所有数据，包括相关的元数据，都应进行记录、验证并上传到种质圃信息管理系统。**

包括：申请者的姓名和地址、申请目的和申请日期；申请的样品、分发的样品、每份种质的繁殖体重量；病毒检测方法和表面消毒处理；相关的植物检疫证书和标准材料转让协议或材料转让协议；以及货运日志和使用者的反馈。可使用电子设备以避免抄写错误，且便于上传到种质圃信息管理系统。使用不褪色的墨水笔（或铅笔）记录数据，字迹要清晰可辨。使用条形码标签和条形码读码器有助于种质管理，并且可以减少人为错误。

---

① 《种质库标准》5.9.2。
② 《种质库标准》5.9.3。

国际可可种质库，特立尼达

11 安全备份

　　建议种质圃制定适用于种质安全备份的书面政策和规程，包括审查是否符合法律、植物检疫和其他法规和要求，以及转运前准备、转运后流程跟进和进度的分步指导（图 12）①②。

✓ **对每份原始种质，都应在较远的地方、在适宜的条件下、采用适宜的方式进行安全备份③。**

　　安全备份的样品通常作为基础收集品存放在另一地点，通常在另一个国家。选择安全备份地点时，需考虑最大程度降低风险、尽可能提供最好条件，同时还要考虑有足够的设施、充足的人员和财力资金。安全备份地点应位于社会政治和地质环境稳定的区域。保存安全备份的种质库或研究所应有能力提供适宜的田间研究或离体培养条件。样品也可以备份保存在备份中心④。如何选择存放安全备份的机构，并与其达成一致协议是十分重要的。

✓ **送交种质圃和接收种质圃之间应达成法律协议，明确双方的责任，规定种质资源保存和管理的条款和条件。**

　　对于尚未与其他种质圃达成原始种质安全备份协议的种质圃，应根据最适合的备份保存方式，考虑安全备份的最佳地点。

✓ **种质圃应遵守法律、植物检疫和其他法规要求，且安全备份样品应附有相关信息。**

　　为保障种质及时转运，在计划初期，就应与接收种质圃充分讨论所需文件（种质圃和送交国）、海关和检疫程序。

✓ **安全备份的样品应质量高、数量足。**

　　送交人有责任确保种质资源的质量。最佳做法包括：

• 确保安全备份样品干净、健康。

---

① 安全备份样品包括种质圃种植的植物、离体保存的试管苗或超低温保存的分生组织。
② 参见图 12：安全备份环节各项活动工作流程概要图。
③ 《种质库标准》5.10.4。
④ 《种质库标准》第 6 章。

安全备份

安全备份的样品需保存在另外的地点	- 需考虑生物安全、政治地理条件、自然灾害发生风险、费用等 - 确保种质库或研究所有较强的管理能力，维持安全备份样品的适宜条件
法律协议规定送交和接收种质圃的责任	
种质圃应遵守法律、植物检疫和其他法规要求	- 从原种质圃获取相关文件（种质圃和送交国）以及海关和检疫程序所需的信息
安全备份样品需质量高、数量足	- 确保备份样品干净、健康，如需要，样品需进行消毒处理和病毒检测 - 确保备份样品数量充足，以避免丢失风险
应仔细地给样品贴上标签，确保处理过程中样品不混淆	- 使用计算机生成的标签，减少抄写录入错误 - 每个包装内外都应有标签
包装和运输，确保安全及时送达	- 有关包装和运输的指南或建议，与"分发"章节的内容类似
确保安全备份样品都附有相关文件资料信息	- 包括种质数据（种质标识信息、样品编号、关键护照信息数据）；进口许可证、植物检疫证书或报关单 - 提前将文件资料扫描件通过电子邮件发送给接收方

记录、验证并上传有关安全备份的所有数据，包括相关的元数据

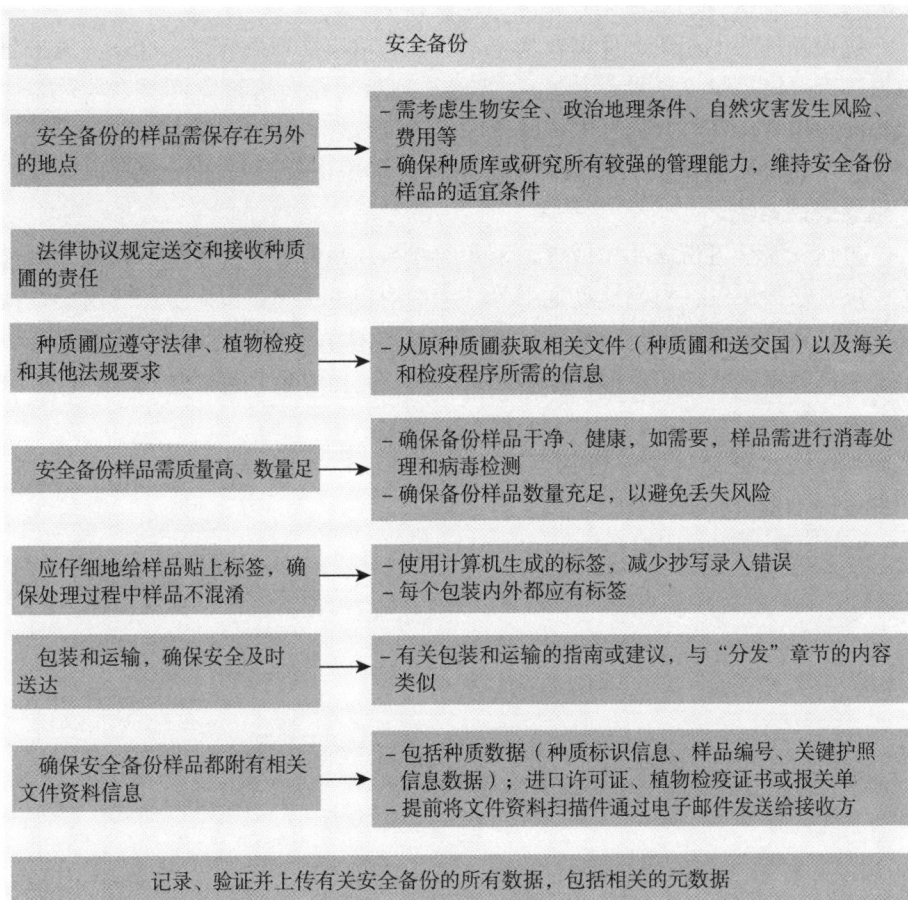

图 12　安全备份环节各项活动工作流程概要图

• 确保安全备份样品数量充足，以避免丢失风险①。

✓ 仔细地给样品贴上标签，确保处理过程样品不混杂。

重要的是确保标识正确，最好使用机打标签，以减少名称和数字的抄写录入错误。

✓ 选择适宜的包装材质和运输方式，确保安全及时送达。

确保种质到达目的种质圃时状况良好，注意文件处理流程所需时间、装运期、过境时间和过境条件（热带国家高温和高湿条件）。有关包装和运输的指南或建议与种质分发的相关内容类似（见"分发"章节）。

---

① 对于无性繁殖的木本或草本多年生作物，建议至少安全备份 2~3 株，一年生作物至少安全备份 4~10 株。

✔每份安全备份样品都应附有相关文件资料信息。

建议随件附上相关文件资料信息，明细清单包括种质标识信息、关键护照数据、繁殖体总量（重量或数量）、容器类型等。在发送种质资源之前，需注意提前扫描文件资料并通过电子邮件发送给接收方，或邮寄纸质复印件。

✔安全备份的所有数据，包括相关元数据，都应记录、验证并上传到种质圃信息管理系统。

包括：安全备份样品的位置，发送的样品和每份种质的备份数量和货运日志；以及法律协议、植物检疫证书等。考虑使用电子设备以避免抄写错误，且便于上传到种质圃信息管理系统。使用不褪色的墨水笔（或铅笔）记录数据，字迹要清晰可辨。使用条形码标签和条形码读码器有助于种质管理，并且可以减少人为错误。

✔定期审查和更新种质圃信息管理系统，确保识别出尚未安全备份的种质，并适时准备进行安全备份。

农药安全施用，埃及

12　人员和安全

人员

　　建议种质圃制定人员策略，包括继任计划，确保年度经费预算并定期审计（图 13）[①]。

✔ **种质圃的人力资源计划有年度预算支持，工作人员需具备承担种质圃工作所需的关键知识、技能、经验和资格。**

　　种质圃管理需要训练有素的工作人员，并明确种质管理的职责[②]。应考虑以下几点：

- 根据实际情况，对种质圃管理者和承担特定任务的工作人员，定期审查和更新适用的标准操作程序（SOPs）。
- 确保管理者和技术支撑人员具备农业、园艺和栽培植物及其野生近缘种分类等方面的知识和技能。
- 能够接触到分类学、生理学、植物病理学、育种学和群体遗传学等学科和技术专家。
- 定期举办在职培训班，并在可能的情况下，确保工作人员能够定期参加培训，以了解最新发展情况。
- 轮换岗位，使工作尽可能多样化，在可能的情况下，让员工参与会议和讨论。
- 表彰和奖励优秀员工，以留住有能力的员工。

✔ **人员风险管理：包括风险识别、分析和管理。**

　　安全保存取决于对风险的准确评估和适当管理（见"附录"）。因此，所有种质圃都应制定和实施风险管理策略，处理工作人员、种质资源和相关信息所在日常环境中的物理和生物风险。

---

① 参见图 13：人员和安全环节各项活动工作流程概要图。
② 《种质库标准》5.10.3。

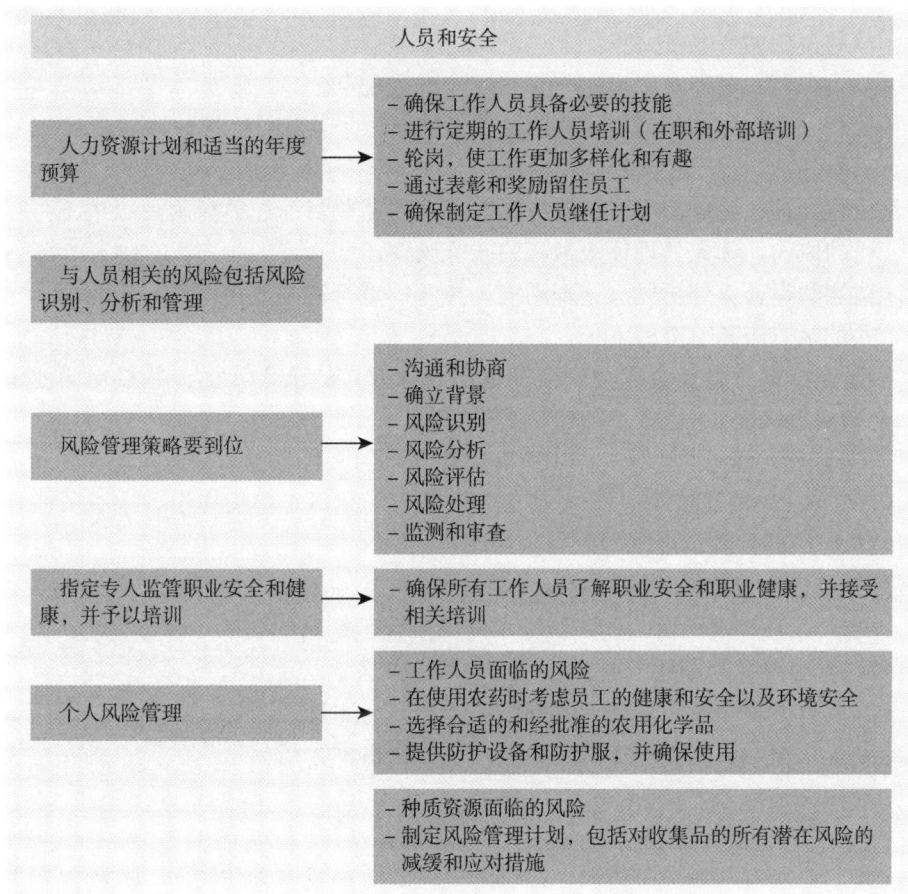

图 13　人员和安全环节各项活动工作流程概要图

安全：

建议种质圃制定书面的风险管理策略，包括处理断电、火灾、洪水、地震、战争和内乱的措施[①]。依据不断变化的情况和新技术，应定期审查和更新管理策略及其行动方案。

✔ **风险管理策略。**

风险管理策略包括以下组成部分（SGRP‐CGIAR，2010d）：

• 沟通和协商：确保所有参与实施风险管理系统的人员都了解该系统的概念、方法、术语、文件要求和决策过程。

[①] 《种质库标准》5.10.1。

- 确立背景：考虑到种质圃的目标、活动、任务，相关活动运作的环境，以及利益相关者。
- 风险识别：对种质圃操作的相关风险进行盘点。
- 风险分析：评估已识别风险的潜在影响或后果及其可能性。
- 风险评估：确定可接受的风险水平。
- 风险处理：确定需要采取的行动，以处理那些目前总体风险评级中不可接受的风险，优先处理评级最高的残留风险。
- 监测和审查：分析风险管理系统，并评估是否需要改进系统。应明确界定并记录监测和审查的责任。

✔**种质圃中需任命负责职业安全和健康（OSH）的工作人员，并接受职业安全和健康培训。**

　　职业安全和健康涉及工作场所健康和安全的所有方面，并强调危害的初级预防①。多数国家都有职业安全和健康政策。国际劳工组织提供各国有关职业安全和健康的国别情况（国际劳工组织，2021）。

✔**所有工作人员都应了解职业安全和健康要求，并实时了解相关政策更新。**

　　建议让种质圃所有工作人员都了解风险管理策略的细节，以及实施、监测策略和行动方案的责任。需要考虑以下最佳做法：

- 确保种质圃中风险较高的区域张贴职业安全和健康规则。
- 通过在田间、温室和实验室环境开展定期培训，指导工作人员正确安全地使用设备。
- 选择合适的和国家批准的农用化学品以减少风险。
- 按照职业安全和健康要求，提供未损坏的防护设备和防护服，并确保定期检查和按要求使用。职业安全和健康主任负责安全设备保养。

---

① 《种质库标准》5.10.2。

温室设施，国际热带农业中心种质库

13 基础设施和设备

本章主要介绍种质圃的常规基础设施和设备（表2）。种质圃的常规基础设施需求相对容易满足。种质圃负责人、技术支持人员和办公室文员都需要工作空间。对于某些难以在田间保存的种质，通常需要一个温室或网室，以便在更可控的条件下保存。嫁接操作往往也需要温室或网室。对于嫁接或砧木材料，在田间移植前，需要遮阴设施。为保护植株免受动物侵食或丢失，需要对种质圃设置围栏。设施应遵守法律和相关监管机构的要求，操作环境和设备应符合相关的国家和国际标准及安全法规。

关于建立和运行种质圃，可查询相关参考资料，详见"更多信息和文献"章节。需要注意的是，应规划设计运行和工作空间，以免种质资源和样品受到污染、丢失或错放。对洁净和污染区域进行物理隔离，控制污染和工作流程，使样品单向流动，从洁净度和安全性较低区域流动至较高区域。

表 2 种质圃常规基础设施和设备

种质圃操作和管理区
一般需求
办公空间和办公用品；计算机、打印机及其配件；气候数据记录仪；电子数据记录和条形码读码器的移动设备；科学和技术文献检索；互联网接入
种质获取
收集设备包括布袋或纸袋，用于顽拗型种子的保湿袋或容器，标签（最好带条形码），手用放大镜，剪刀，防水布，枝剪，包装材料，标本夹 采集数据表或电子数据记录表、GPS或高度计等移动设备 简易干燥器、表面消毒剂、刀、镊子、手术刀、用于称量果实和种子的天平、用于在到达时记录样品的相机
入圃保存和管理
拖拉机和附件（犁、旋耕机等）、农药施用设备（喷雾器、电机驱动或手持式）、灌溉设备、嫁接和修剪工具、支撑结构（树木、木棍、电线等）、互联网等
更新和扩繁
用于种植插条、花盆、堆肥、砧木、生根培养的温室、网室或田间区域

（续）

种质圃操作和管理区

鉴定和评价

根据需要，大田、实验室或温室区域

必要时，根据所记录的物种和待记录的性状，配备田间、实验室、温室、网室的设备和机械

花盆、木桩和标签（最好是条形码标签），带标签的布袋或其他适宜的容器，分子标记（RAPD、ISSR、SSR）分析仪器

电子数据记录用数据表或移动设备，条形码读码器

信息汇编

设计适用的数据库或种质圃信息管理系统，需遵照粮农组织/生物多样性中心多作物护照数据描述符和其他数据标准，例如 GRIN - Global

数据库内置的自动化工具，监测保存数量和植株健康状况，标识需更新种质

数据备份和保存

分发和安全备份

用于扦插的保湿袋、容器或用于离体种质的无菌塑料袋。热封塑料袋及封口机、标签（最好是条形码标签）、包装材质

电子数据记录用数据表或移动设备，条形码读码器

安全和人员

发电机，灭火设备，监控摄像头，警报系统，安全门

防护服和防护装备，如防尘口罩、手套和鞋类

14 参考文献

Alercia, A. , Diulgheroff, S. & Mackay, M. 2015. *FAO/Bioversity Multi‑Crop Passport Descriptors V. 2. 1*［*MCPD V. 2. 1*］. Rome，FAO and Bioversity International. 11 p. http：//www. bioversityinternational. org/e‑library/publications/detail/faobioversity‑multi‑crop‑passportdescriptors‑v21‑mcpd‑v21/.

AVRDC（World Vegetable Center）. 2012. *Material Transfer Agreement for Germplasm Accessions*.

AVRDC. 2021. *Vegetable Genetic Resources Information System*. Shanhua，Taiwan Province of China. Cited 29 October 2021. https：//avrdc. org/our‑work/managing‑germplasm.

Bioversity International. 2007. *Guidelines for the development of crop descriptor lists*. Bioversity Technical Bulletin Series. Rome. https：//www. bioversityinternational. org/index. php？id＝244&tx _ news _ pi1％5Bnews％5D＝1053&cHash＝39138c10e405dcf0f918c6670c877b4f.

Bioversity International. 2018. *Descriptors*. Rome. Cited 29 October 2021. https：//www. bioversityinternational. org/e‑library/publications/categories/descriptors/？L＝0&cHash＝2a5afb80deee509d79ba1b4e1f13e003.

CBD（Convention on Biological Diversity）. 2018. *Frequently asked questions on access and benefit‑sharing（ABS）*. Montreal，Canada. https：//www. cbd. int/abs/doc/abs‑factsheet‑faq‑en. pdf.

CGIAR Genebank Platform. 2021. *Quality management*. Bonn，Germany. Cited 29 October 2021. https：//www. genebanks. org/the‑platform/quality‑management.

Crop Trust. 2021. *Genesys*. Bonn，Germany. Cited 29 October 2021. https：//www. genesys‑pgr. org.

Diederichsen, A. & Raney, J. P. 2008. Pure lining of flax（*Linum usitatissimum* L. ）genebank accessions for efficiently exploiting and assessing seed character diversity. *Euphytica*，164：255‑273. https：//doi. org/10. 1007/s10681‑008‑9725‑2.

Ellis, R. H. , Nasehzadeh, M. , Hanson, J. & Woldemariam, Y. 2019. Medium‑term seed storage of diverse genera of forage grasses，evidence‑based genebank monitoring intervals，and regeneration standards. *Genet. Resour. Crop Evol. ，* 66：723‑734. https：//doi. org/10. 1007/s10722‑017‑0558‑5.

Embrapa. 2021. *Alelo*. Brasilia. Cited 29 October 2021. http：//alelo. cenargen. embrapa. br/alelo _ en. html.

58

FAO (Food and Agriculture Organization of the United Nations). 1995. *Annex I List of cropscovered under the Multilateral System.* Rome. https：//www. fao. org/3/bc084e/bc084e. pdf.

FAO. 2014. *Genebank Standards for Plant Genetic Resources for Food and Agriculture.* Rome. http：//www. fao. org/3/a－i3704e. pdf.

FAO. 2021a. *Digital Object Identifiers（DOI）.* Rome. Cited 29 October 2021. http：//www. fao. org/plant－treaty/areas－of－work/global－information－system/doi/en.

FAO. 2021b. *The Multilateral System.* Rome. Cited 29 October 2021. https：//www. fao. org/planttreaty/areas－of－work/the－multilateral－system/the－smta/en.

FAO. 2021c. *Easy－SMTA Homepage.* Rome. Cited 29 October 2021. https：//mls. planttreaty. org/itt.

FAO. 2021d. *WIEWS－World Information and Early Warning System on Plant Genetic Resources for Food and Agriculture.* Rome. Cited 29 October 2021. https：//www. fao. org/wiews/en.

FAO. 2021e. *WIEWS：Ex Situ（SDG 2.5.1）－Overview.* Rome. Cited 29 October 2021. https：//www. fao. org/wiews/data/ex－situ－sdg－251/overvew/en.

GBIS/I. 2021. *GBIS－The information system of the German Genebank. Gatersleben.* Cited 29 October 2021. https：//www. denbi. de/services/349－gbis－the－information－system－of－thegerman－genebank.

GRIN－Global. 2021. *The GRIN－Global Project.* Fort Collins，USA. Cited 29 October 2021. https：//www. grin－global. org.

Guarino, L.G., Rao, L.R. & Reid, V., eds, 1995. *Collecting plant genetic diversity. Technical guidelines.* Wallingford，UK，CAB International. https：//www. bioversityinternational. org/elibrary/publications/detail/collecting－plant－genetic－diversity/.

Hay, F.R. & Whitehouse, K.J. 2017. Rethinking the approach to viability monitoring in seed genebanks. *Conservation Physiology*，5（1）. https：//doi. org/10. 1093/conphys/cox009.

IITA (International Institute of Tropical Agriculture). 2012. *Standard Operation Procedures（SOP）for IITA Seedbank.* Ibadan，Nigeria. https：//www. iita. org/wp－content/uploads/2017/SOP _ for _ IITA _ Seedbank. pdf.

ILO (International Labour Organization). 2021. *Country profiles on occupational safety and health and labour inspection.* Geneva，Switzerland. Cited 29 October 2021. https：//www. ilo. org/global/topics/safety－and－health－at－work/country－profiles/lang－en/index. htm.

IPGRI (International Plant Genetic Resources Institute). 2001. *Design and analysis of evaluation trials of genetic resources collections. A guide for genebank managers.* IPGRI Technical Bulletin No. 4. Rome. https：//cropgenebank. sgrp. cgiar. org/images/file/learning _ space/technicalbulletin4. pdf.

IPPC (International Plant Protection Convention). 2021. *List of NPPOs of IPPC Contracting parties.* Rome. Cited 29 October 2021. https：//www. ippc. int/en/countries/nppos/

59

listcountries.

ISTA (International Seed Testing Association). 2021. *International Seed Testing Association - ISTA*. Wallisellen, Switzerland. Cited 29 October 2021. https：//www. seedtest. org/en/home. html.

Lehmann, C. & Mansfeld, R. 1957. Zur Technik der Sortimentserhaltung. *Die Kultur pflanze*，5：108 - 138. https：//doi. org/10. 1007/BF02095492.

Nagel, M. & Börner, A. 2010. The longevity of crop seeds stored under ambient conditions. *Seed Science Research*，20（1）：1 - 12. https：//doi. org/10. 1017/S0960258509990213.

RBG (Royal Botanic Gardens). undated. *Resources*. Kew，UK. Cited 29 October 2021. https：//brahmsonline. kew. org/msbp/Training/Resources.

RBG. 2014. *Identifying desiccation sensitive seeds*. Kew，UK. Cited 29 October 2021. http://brahmsonline. kew. org/Content/Projects/msbp/resources/Training/10 - Desiccati-ontolerance. pdf.

RBG. 2015. *Germination testing： procedures and evaluation*. Technical Information Sheet _ 13a. Kew，UK. Cited 29 October 2021. http：//brahmsonline. kew. org/Content/Projects/msbp/resources/Training/13a - Germination - testing - procedures. pdf.

RBG. 2018. *Seed Information Database（SID）. Version 7. 1.* Kew，UK. Cited 3 March 2018. http：//data. kew. org/sid.

Rao, N. K., Hanson, J., Dulloo, M. E., Ghosh, K., Nowell, D. & Larinde, M. 2006. *Handooks for Genebanks No. 8： Manual of seed handling in genebanks*. Rome，Biodiversity International . https：//www. bioversityinternational. org/e - library/publications/detail/seed - handling - ingenebanks.

SGRP - CGIAR (System - wide Genetic Resources Programme - CGIAR). 2010a. *Crop Gene-bank. Knowledge Base - Seed Bank*. Rome. Cited 29 October 2021. https：//cropgenebank. sgrp. cgiar. org/index. php/procedures - mainmenu - 242/conservation - mainmenu - 198/seed - bankmainmenu - 199.

SGRP - CGIAR. 2010b. *Crop Genebank Knowledge Base - Guidelines for testing germination of the most common crop species*. Rome. Cited 29 October 2021. https：//cropgenebank. sgrp. cgiar. org/images/file/procedures/guidelines％ 20for％ 20testing％ 20germination％ 20of％20the％20most％20common％20crop％20species. pdf.

SGRP - CGIAR. 2010c. *Crop Genebank Knowledge Base - Regeneration*. Rome. Cited 29 Octo-ber 2021. https：//cropgenebank. sgrp. cgiar. org/index. php/procedures - mainmenu - 242/regenerationmainmenu - 206.

SGRP - CGIAR. 2010d. *Crop Genebank Knowledge Base - Risk management*. Rome. Cited 29 October 2021. https：//cropgenebank. sgrp. cgiar. org/index. php/management - mainmenu - 433/risk - management - mainmenu - 236.

SGRP - CGIAR. 2011. *Crop Genebank Knowledge Base - Collecting plant genetic diversity： Technical guidelines*. 2011 *update* online] . Rome. Cited 29 October 2021. https：//cropgenebank. sgrp. cgiar. org/index. php? option = com _ content&·view = article&·id = 390&·Itemid=557.

Singh, A. K. , Varaprasad, K. S. & Venkateswaran, K. 2012. Conservation costs of plant genetic resources for food and agriculture: seed genebanks. *Agricultural Research*, 1 (3): 223 – 239. https://doi. org/10. 1007/s40003 – 012 – 0029 – 3.

United Nations. 2021. *SDG Indicators*. New York, USA. Cited 29 October 2021. https://unstats. un. org/sdgs/metadata? Text=&·Goal=2&·Target=2. 5.

UPOV (International Union for the Protection of New Varieties of Plants). 2011. *Descriptor-lists*. Geneva, Switzerland. Cited 29 October 2021. https://www. upov. int/tools/en/gsearch. html? cx=016458537594905406506％3Asa0ovkspdxw&·cof=FORID％3A11&· q=descriptor.

USDA – ARS (United States Department of Agriculture – Agricultural Research Service). 2021. *U. S. National Plant Germplasm System – Descriptors*. Fort Collins, USA. Cited 29 October 2021. https://npgsweb. ars – grin. gov/gringlobal/descriptors.

Way, M. 2003. Collecting seed from non – domesticated plants for long – term conservation. *In* R. D. Smith, J. D. Dickie, S. H. Linington, H. W. Pritchard & R. J. Probert, eds. *Seed conservation: turning science into practice*, pp. 163 – 201. Kew, UK, Royal Botanic Gardens.

15　更多信息和文献

　　下列参考文献，提供了种质圃操作和管理相关的指导和技术背景。更多参考文献请查阅《粮食和农业植物遗传资源种质库标准》（粮农组织，2014）。

一般性文献

Anthony, F. , Astorga, C. , Avendaño, J. & Dulloo, E. 2007. Conservation of coffee genetic resources in the CATIE field genebank. In：R. Engelmann，M. E. Dulloo，C. Astorga，S. Dussert & F. Anthony，eds. Conserving coffee genetic resources. Complementary strategies for ex situ conservation of coffee（*Coffea arabica* L. ）genetic resources，pp. 23 - 34. Rome，Bioversity International.

Bramel, P. , Krishnan, S. , Horna, D. , Lainoff, B. & Montagnon, C. 2017. Global conservation strategy for coffee genetic resources. Bonn，Germany，Crop Trust and Portland，USA，World Coffee Research. 72 pp. https：//cdn. croptrust. org/wp/wp - content/uploads/2017/07/CoffeeStrategy _ Mid _ Res. pdf.

Bundessortenamt. 2013. Genebank quality manual. Hannover，Germany，Federal Plant Variety Office，33 pp. bundessortenamt. de/bsa/media/Files/PGR _ Genebank _ Quality _ Manual. pdf.

Engelmann, F. 2012. Germplasm collection, storage and conservation. In：A. Altman & P. M. Hasegawa，eds. Plant Biotechnology and Agriculture，pp. 255 - 268. Oxford，UK，Academic Press.

Engels, J. M. M. & Visser, L. , eds. 2003. A guide to effective management of germplasm collections. IPGRI Handbooks for Genebanks No. 6. Rome，IPGRI. 165 p. https：//www. bioversityinternational. org/e - library/publications/detail/a - guide - to - effective - managementof - germplasm - collections/.

Greene, S. L. , Williams, K. A. , Khoury, C. K. , Kantar, M. B. & Marek, L. F. 2018. North American crop wild relatives，Volume 1. Conservation strategies. Cham，Switzerland，Springer. https：//doi. org/10. 100 7/978 - 3 - 319 - 95101 - 0.

Hawkes, J. G. , Maxted, N. & Ford - Lloyd, B. V. 2000. Field gene banks，botanic gardens，in vitro，DNA and pollen conservation. In：The ex situ conservation of plant genetic resources，pp. 92 - 107. Dordrecht，Netherlands，Springer.

Hawkes, J. G. , Maxted, N. & Ford - Lloyd, B. V. 2012. The ex situ conservation of plant genetic resources. Dordrecht，Netherlands，Springer. 250 p. https：//link. springer. com/content/pdf/bfm％3A978－94－011－4136－9％2F1. pdf.

Huamán, Z. ed. 1999. Sweetpotato germplasm management（*Ipomoea batatas*）. Training manual. Lima，International Potato Center. https：//www. sweetpotatoknowledge. org/wp－content/uploads/2016/04/Sweetpotato－Germplasm－Management－Ipomoea－batatas－Training－Manual. pdf.

International Treaty on Plant Genetic Resources for Food and Agriculture. 2021.

International Treaty on Plant Genetic Resources for Food and Agriculture Organization of the United Nations. Rome. Cited 2 November 2021. https：//www. fao. org/plant－treaty/en/.

IPK（Leibniz Institute）. undated. Mansfeld's World Database of Agriculture and Horticultural Crops. Gatersleben，Germany. Cited 2 November 2021. http：//mansfeld. ipk－gatersleben. de/apex/f? p＝185：3.

Maggioni, L. , Keller, J. & Astley, D. , eds. 2001. European collections of vegetatively propagated Allium. Report of a Workshop，Gatersleben，Germany，21－22 May 2001. Rome，IPGRI. https：//www. ecpgr. cgiar. org/fileadmin/bioversity/publications/pdfs/824 _ European _ collections _ of _ vegetatively _ propagated _ Allium. pdf.

Maghradze, D. , Maletic, E. , Maul, E. , Faltus, M. & Failla, O. 2015. Field genebank standards for grapevines（Vitis vinifera L. ）. VITIS－Journal of Grapevine Research，54：273－279.

Mal, B. , Ramamani, Y. S. & Ramanatha Rao, V. , eds. 2001. Conservation and use of native tropical fruit species biodiversity in Asia. Proceedings of the First Annual Meeting of Tropical Fruit Genetic Resources Project，Pattaya，Thailand，6－9 February 2001. Rome，Bioversity International.

Rajasekharan, P. E. & Rao, V. R. 2019. Field genebanks and clonal repositories. In：P. E. Rajasekharan，ed. Conservation and utilization of horticultural genetic resources，pp. 507－528. Singapore，Springer.

SGRP－CGIAR（System－wide Genetic Resources Programme of the Consultative Group on International Agricultural Research）. 2010. Crop Genebank Knowledge Base. Rome. Cited 29 October 2021. https：//cropgenebank. sgrp. cgiar. org/Upadhyaya，H. D. & Gowda，C. L. 2009. Managing and enhancing the use of germplasm－strategies and methodologies. Technical Manual No. 10. Patancheru，India，International Crops Research Institute for the Semi－Arid Tropics. 236 p.

Volk, G. M. , Namuth－Covert, D. & Byrne, P. F. 2019. Training in plant genetic resources management：A way forward. Crop Science，59（3）：853－857. https：//dl. sciencesocieties. org/publications/cs/pdfs/59/3/853.

Wiersema, J. H. & Schori, M. 1994. Taxonomic information on cultivated plants in GRIN－Global. https：//npgsweb. ars－grin. gov/gringlobal/taxon/abouttaxonomy. aspx.

63

获取和分发

Bioversity International. 2009. Descriptors for farmers' knowledge of plants. Rome. https：//cgspace. cgiar. org/handle/10568/74492.

Crop Genebank Knowledge Base. 2018. Distribution. http：//cropgenebank. sgrp. cgiar. org/index. php? option＝com _ content&view＝article&id＝59&Itemid＝208&lang＝english.

Crop Genebank Knowledge Base. 2018. Safe transfer of germplasm (STOG). https：//cropgenebank. sgrp. cgiar. org/index. php/management－mainmenu－433/stogs－mainmenu－238.

Crossa, J. & Vencovsky, R. 2011. Basic sampling strategies：theory and practice. In：L. Guarino, V. Ramanatha Rao, E. Goldberg，eds. 2011. Collecting plant genetic diversity：technical guidelines－2011 update. Rome，Bioversity International. ISBN 978－92－9043－922－926. https：//cropgenebank. sgrp. cgiar. org/images/file/procedures/collecting2011/Chapter5－2011. pdf.

End, M. J., Daymond, A. J. & Hadley, P. 2017. Technical guidelines for the safe movement of cacao germplasm. Revised from the FAO/IPGRI Technical Guidelines No. 20 (Third Update, October 2017). Global Cacao Genetic Resources Network (CacaoNet) and Bioversity International. https：//www. bioversityinternational. org/e－library/publications/detail/technical－guidelines－for the－safe－movement－of－cacao－germplasm/♯&gid＝news&pid＝0.

Eymann, J., Degreef, J., Hšuser, C., Monje, J. C., Samyn, Y. & VandenSpiegel, D., eds. 2010. Manual on field recording techniques and protocols for all taxa biodiversity inventories and monitoring. Abc Taxa，8：331 – 653. https：//www. abctaxa. be/volumes/volume－8－manual－atbi.

Greiber, T., Peña Moreno, S., Ahrén, M., Nieto Carrasco, J., Kamau, E. C., Cabrera Medaglia, J., Oliva, M. J., & Perron－Welch, F. (in cooperation with Ali, N. & Williams, C.). 2012. An Explanatory Guide to the Nagoya Protocol on Access and Benefit－sharing. Gland，Switzerland，IUCN. xviii＋372 p. https：//cmsdata. iucn. org/downloads/an _ explanatory _ guide _ to _ the _ nagoya _ protocol. pdf.

Hay, F. R. & Probert, R. J. 2011. Collecting and handling seeds in the field. In：L. Guarino, V. Ramanatha Rao & E. Goldberg，eds. Collecting plant genetic diversity：Technical guidelines－2011 update. Rome，Bioversity International. https：//cropgenebank. sgrp. cgiar. org/index. php? option＝com _ content&view＝article&id＝655.

Lopez, F. 2015. Digital Object Identifiers (DOIs) in the context of the International Treaty. https：//www. fao. org/fileadmin/templates/agns/WGS/10 _ FAO _ gs _ activities _ ITPGRFA _ 20151207. pdf.

Mathur, S. B. & Kongsdal, O. 2003. Common laboratory seed health testing methods for detecting fungi. Bassersdorf，Switzerland，International Seed Testing Association.

Maya－Lastra, C. A. 2016. ColectoR，a digital field notebook for voucher specimen collection for smartphones. Applications in Plant Sciences，4 (7). https：//doi. org/10. 3732/apps. 1600035.

Moore, G. & Williams, K. A. 2011. Legal issues in plant germplasm collecting. In: L. Guarino, V. Ramanatha Rao & E. Goldberg, eds. Collecting plant genetic diversity: Technical guidelines - 2011 update. Rome, Bioversity International. https://cropgenebank. sgrp. cgiar. org/index. php? option=com _ content&view=article&id=669.

Ni, K. J. 2009. Legal aspects of prior informed consent on access to genetic resources: An analysis of global law-making and local implementation toward an optimal normative construction. Vanderbilt Journal of Transnational Law, 42: 227-278.

Pence, V. C., Sandoval, J., Villalobos, V. & Engelmann, F., eds. 2002. In vitro collecting techniques for germplasm conservation. IPGRI Technical Bulletin No 7. Rome. https://cropgenebank. sgrp. cgiar. org/images/file/learning _ space/technicalbulletin7. pdf.

Reid, R. 1995. Collecting tropical forages. In: L. Guarino, V. Ramanantha Rao & R. Reid. Collecting plant genetic diversity - Technical guidelines, pp. 617-625. allingford, UK, CAB International. https://cropgenebank. sgrp. cgiar. org/images/file/procedures/collecting 1995/Chapter30. pdf.

RBG (Royal Botanic Gardens). 2014. Assessing a population for seed collection. Millennium Seed Bank Technical Information Sheet 02. UK, Kew. http://brahmsonline. kew. org/Content/Projects/msbp/resources/Training/02 - Assessing-population. pdf.

RBG. 2014. Seed collecting techniques. Millennium Seed Bank Technical Information Sheet 03. UK, Kew. http://brahmsonline. kew. org/Content/Projects/msbp/resources/Training/03 - Collecting-techniques. pdf.

RBG. 2014. Post harvest handling. Millennium Seed Bank Technical Information Sheet 04. UK, Kew. http://www. anayglorious. in/sites/default/files/04 - Post% 20harvest% 20handling% 20web _ 0. pdf.

Sheppard, J. W. & Cockerell, V. 1996. ISTA handbook of method validation for the detection of seedborne pathogens. Basserdorf, Switzerland, International Seed Testing Association.

Veiga, R., Ares, I., Condon, F. & Ferreira, F. R. 2010. Intercambio seguro de recursos fitogenéticos. In: Estrategia en los recursos fitogenéticos para los países del Cono Sur/IICA. pp. 75-83. Montevideo, PROCISUR, IICA.

Way, M. 2011. Collecting and recording data in the field: media for data recording. In: L. Guarino, V. Ramanatha Rao & E. Goldberg, eds. Collecting plant genetic diversity: technical guidelines - 2011 update. Rome, Bioversity International. https://cropgenebank. sgrp. cgiar. org/index. php? option=com _ content&view=article&id=659.

入圃保存和田间管理

Gregory, P. J., Atkinson, C. J., Bengough, A. G., Else, M. A., Fernández - Fernández, F., Harrison, R. J. & Schmidt, S. 2013. Contributions of roots and rootstocks to sustainable intensified crop production. Journal of Experimental Botany, 64 (5): 1209-1222.

SGRP - CGIAR. 2010. Crop Genebank Knowledge Base - Field genebanks. Rome. Cited 29

October 2021. https：//cropgenebank. sgrp. cgiar. org/index. php? option＝com _ content&.
view＝article&.id＝97&.Itemid＝203&.lang＝english.

更新和扩繁

Anderson, C. M. 2008. Recursos genéticos y propagación de variedades comerciales de
cítricos. XII Simposio Internacional de Citricultura. Tamaulipas，México. Available on CD.

鉴定和评价

Alercia, A. 2011. Keycharacterization and evaluation descriptors：methodologies for the as-
sessment of 22 crops. Rome，Bioversity International. 602 pp. https：//cgspace. cgiar. org/
handle/10568/744910.

Govindaraj, M. , Vetriventhan, M. & Srinivasan, M. 2015. Importance of genetic diversity
assessment in crop plants and its recent advances：an overview of its analytical perspec-
tives. Genetics Research International，Article ID431487，14 pages. http：//dx. doi. org/
10. 1155/2015/431487.

分子鉴定和评价

**Arif, I. A. , Bakir, M. A. , Khan, H. A. , Al Farhan, A. H. , Al Homaidan, A. A. , Bah-
kali, A. H. , Sadoon, M. A. & Shobrak, M.** 2010. A brief review of molecular techniques
to assess plant diversity. International Journal of Molecular Sciences，11（5）：2079 –
2096. https：//doi. org/10. 3390/ijms11052079.

Ayad, W. G. , Hodgkin, T. , Jaradat, A. & Rao, V. R. 1997. Molecular genetic techniques for
plant genetic resources. Report on an IPGRI workshop，9 – 11 October 1995，Rome，IPGRI. 137
pp. http：//www. bioversityinternational. org/fileadmin/bioversity/publications/Web _ ver-
sion/675/begin. htm.

Bretting, P. K. & Widrlechner, M. P. 1995. Genetic markers and plant genetic resource man-
agement. Plant Breeding Reviews，13：11 – 86.

D'Agostino, N. & Tripodi, P. 2017. NGS – based genotyping，high – throughput phenotyping
and genome – wide association studies laid the foundations for next – generation breeding in
horticultural crops. Diversity，9（3）：38. https：//doi. org/10. 3390/d9030038.

de Vicente, M. C. & Fulton, T. 2004. Using molecular marker technology in studies on plant
genetic diversity. Rome，IPGRI，and Ithaca，USA，Institute for Genetic Diversity.
http：//www. bioversityinternational. org/fileadmin/user _ upload/online _ library/publica-
tions/pdfs/Molecular _ Markers _ Volume _ 1 _ en. pdf.

de Vicente, M. C. , Metz, T. & Alercia, A. 2004. Descriptors for genetic markers technolo-
gies. Rome，IPGRI. http：//www. bioversityinternational. org/e – library/publications/de-
tail/descriptors – for – genetic – markers – technologies/.

Govindaraj, M. , Vetriventhan, M. & Srinivasan, M. 2015. Importance of genetic diversity assessment in crop plants and its recent advances: an overview of its analytical perspectives. Genetics Research International. hindawi. com/journals/gri/2015/431487/.

Jia, J., Li, H., Zhang, X., Li, Z. & Qiu, L. 2017. Genomics‐based plant germplasm research (GPGR). The Crop Journal, 5 (2): 166‐174. https://doi.org/10.1016/j. cj. 2016. 10. 006.

Jiang, G.‐L. 2013. Molecular markers and marker‐assisted breeding in plants. In: S. B. Andersen. Plant breeding from laboratories to fields. IntechOpen, Denmark. https:// doi. org/10. 5772/52583. intechopen. com/chapters/40178.

Karp, A., Kresovich, S., Bhat, K. V., Ayad, W. G. & Hodgkin, T. 1997. Moleculartools in plant genetic resources conservation: a guide to the technologies. IPGRI Technical Bulletin No. 2. Rome, IPGRI.

Keilwagen, J., Kilian, B., Özkan, H., Babben, S., Perovic, D., Mayer, K. F. X., Walther, A. et al. 2014. Separating the wheat from the chaff‐a strategy to utilize plant enetic resources from ex situ genebanks. Scientific Reports, 4: 5231. https://doi. org/ 10. 1038/srep05231.

Kilian, B. & Graner, A. 2012. NGS technologies for analyzing germplasm diversity in genebanks. Briefings in Functional Genomics, 11 (1): 38‐50. https://doi.org/10.1093/bfgp/elr046.

Laucou, V., Lacombe, T., Dechesne, F., Siret, R., Bruno, J. P., Dessup, M., Dessup, P. et al. 2011. High throughput analysis of grape genetic diversity as a tool for germplasm collection management. Theoretical and Applied Genetics, 122 (6): 1233‐1245.

Mishra, K. K., Fougat, R. S., Ballani, A., Thakur, V., Jha, Y. & Madhumati, B. 2014. Potential and application of molecular markers techniques for plant genome analysis. International Journal of Pure & Applied Bioscience, 2 (1): 169‐188. http:// www. ijpab. com/form/2014%20Volume%202, %20issue%201/IJPAB‐2014‐2‐1‐169‐ 188. pdf.

van Treuren, R. & van Hintum, T. 2014. Next‐generation genebanking: Plant genetic resources management and utilization in the sequencing era. Plant Genetic Resources, 12 (3): 298‐307. https://doi.org/10.1017/S1479262114000082.

信息汇编

Ougham, H. & Thomas, I. D. 2013. Germplasm databases and informatics. In: M. Jackson, B., Ford‐Lloyd & M. Parry, eds. Plant genetic resources and climate change, pp. 151‐ 165. Wallingford, UK, CAB International.

Painting, K. A, Perry, M. C, Denning, R. A. & Ayad, W. G. 1993. Guidebook for genetic resourcesdocumentation. Rome, IPGRI. https://www. bioversityinternational. org/fileadmin/_ migrated/uploads/tx _ news/Guidebook _ for _ genetic _ resources _ documentation _ 432. pdf.

Turnbull, C. J., Daymond, A. J., Lake, H., Main, B. E., Radha, K., Cryer, N. C.,

End, M. J. & Hadley, P. 2010. The role of the international cocoa germplasm database and the international cocoa quarantine centre in information management and distribution of cocoa genetic resources. 16th International Cocoa Research Conference，November 2009，Bali. http：//centaur. reading. ac. uk/28427/.

安全备份

Nordgen. 2008. Agreement between（depositor）and the Royal Norwegian Ministry of Agriculture and Food concerning the deposit of seeds in the Svalbard Global Seed Vault. The Svalbard Global Seed Vault. https：//seedvault. nordgen. org/common/SGSV _ Deposit _ Agreement. pdf.

基础设施和设备

Bretting P. K. 2018. 2017 Frank Meyer Medal for Plant Genetic Resources Lecture：Stewards of Our Agricultural Future. Crop Science，58（6）：2233 - 2240. https：//doi. org/10. 2135/cropsci2018. 05. 0334.

Fu, Y. - B. 2017. The vulnerability of plant genetic resources conserved ex situ. Crop Science，57（5）：2314. https：//doi. org/10. 2135/cropsci2017. 01. 0014.

Hummer, K. & Reed, B. M. ， 1996. Establishment and operation of a temperate clonal field genebank. In：F. Englemann，ed. Management of field and in vitro germplasm collection. pp. 15 - 20. Proceedings of a Consultation Meeting，CIAT，Cali，Colombia. https：//citeseerx. ist. psu. edu/viewdoc/download? doi=10. 1. 1. 608. 7718&rep=rep1&type=pdf.

Jarret, R. L. & Florkowski, W. J. 1990. In vitro active vs. field genebank maintenance of sweet potato germplasm：major costs and considerations. HortScience，25（2）：141 - 146.

Linington, S. H. 2003. The design of seed banks. In：R. D. Smith，J. B. Dickie，S. H. Linington，H. W. Pritchard & R. J. Probert，eds. Seed conservation：turning science into practice. Kew，UK，Royal Botanic Gardens.

附录　风险及其应对措施

在种质圃运行期间，工作人员应接受适当的培训并按照规程操作。种质圃运行风险具体如下：

种质圃选址

风险	风险控制和减缓
由于选择压力导致的适应性等位基因丢失	■ 选择农业生态条件尽可能与收集植物的来源地环境相似的地点 ■ 选择自然灾害和人为灾害风险最低的地点
考虑长期保存，无法扩展或保存种质资源	■ 根据书面、保证或公布的土地使用权，确保地点可长期使用，至少 50 年 ■ 确保为未来提供足够的扩展空间 ■ 避开火山、飓风、台风或雪崩的经常发生区域，至少保持半径 10 公里的安全距离 ■ 避开已知受战乱影响的人类居住地区
收集的种质生活力丧失或不健康	■ 选择适用机械化耕作、施用化肥和农药的场地 ■ 根据需要，确保场地较易获得用于施用农药和补充灌溉的水源 ■ 选择最近没有种植目标作物的地点，以避免重大病害或虫害的严重侵扰
对于以种子形式分发的异交物种，与相同物种和其他种质的异花授粉，导致纯度丧失	■ 选址将降低基因流动、农作物和野生种群的污染、与保护物种可异花授粉的相关物种风险

种质资源获取

风险	风险控制和减缓
收集的样品不足以代表来源种群的多样性	■ 制定并遵循商定的种质收集策略和方法，充分遵循遗传采样指南
分类鉴定错误	■ 收集团队中要有分类学家，种质圃工作人员也要接受分类学培训 ■ 专家对植物标本馆凭证样品和图片进行鉴定 ■ 在收集种质期间，确保数据收集表包含其他记录描述符

（续）

风险	风险控制和减缓
标识错误或标签丢失	■ 在每个收集袋的外部贴好标签；在收集袋内再放置一个标签
抄写录入错误	■ 考虑使用移动设备，确保数据定期备份、充电电池充足可用 ■ 进行数据审核
在收集或运输期间生活力丧失导致保存寿命缩短（和提前更新）	■ 确保及时转移到条件可控的干燥环境下 ■ 根据种子成熟度/离体样品的状态和当时环境条件，确保采用适宜的收获后处理

田间管理

风险	风险控制和减缓
由于选择压力导致适应性等位基因丢失	■ 采用适宜的栽培措施，以获得最佳的生长和生存
活力丧失	■ 采用适宜的栽培措施，以获得最佳的生长和生存 ■ 及时实施病害防控措施 ■ 消除任何受污染、患病的果实和枝条
遗传完整性丧失	■ 清除杂种幼苗 ■ 定期监控保存种质资源 ■ 使用田间种植图定期查验种质资源标签 ■ 如果可能，定期使用形态学和分子标记核查真实性
田间保存种质资源低于生活力或数量阈值	■ 确保系统有内置的自动化工具，可监测生活力和库存以及标识出需更新的种质

更新和扩繁

风险	风险控制和减缓
选择压力导致适应性等位基因丧失	■ 采用适宜的栽培措施 ■ 在与收集地点气候条件相似的地方进行更新 ■ 如有必要，在其他机构进行更新
对于那些以种子形式分发的异交物种，与相同物种其他种质的异花授粉导致纯度丧失	■ 依照推荐的作物特定间距或使用隔离棚、套袋或其他控制授粉措施
对于那些以种子形式分发的异交物种，授粉率低	■ 使用授粉棚，罩住传粉昆虫 ■ 确保足够的授粉虫媒 ■ 根据需要，进行人工授粉

（续）

风险	风险控制和减缓
样品标识错误	■ 在播种和收获前检查地块和袋子的标签；使用条形码

鉴定和评价

风险	风险控制和减缓
记录不完整，数据不可靠	■ 做好工作人员培训 ■ 采用适宜的栽培方法 ■ 使用移动设备记录田间数据 ■ 确保负责人和信息汇编人员查验数据
样品标识错误	■ 核查种质和品种（用于无性繁殖的一年生植物） ■ 收集数据时检查地块标签 ■ 播种和收获前检查地块和袋子的标签

分发和安全备份

风险	风险控制和减缓
样品混杂和标识错误	■ 仔细包装，以避免混杂 ■ 在包装袋的内部和外部使用标签 ■ 使用机打条形码标签，最大限度地减少错误
货件延迟或损坏导致生活力丧失	■ 仔细包装 ■ 确保种子及时发货，采用最快和最安全的方式发送

图书在版编目（CIP）数据

《粮食和农业植物遗传资源种质库标准》实施实用指南.种质圃保存/联合国粮食及农业组织编著；张金梅，陈晓玲，辛霞译. -- 北京：中国农业出版社，2025.6. -- （FAO中文出版计划项目丛书）. -- ISBN 978-7-109-32971-3

Ⅰ. S31-62

中国国家版本馆CIP数据核字第2025R2K610号

著作权合同登记号：图字01-2024-6561号

《粮食和农业植物遗传资源种质库标准》实施实用指南——种质圃保存
《LIANGSHI HE NONGYE ZHIWU YICHUAN ZIYUAN ZHONGZHIKU BIAOZHUN》
SHISHI SHIYONG ZHINAN—ZHONGZHIPU BAOCUN

中国农业出版社出版

地址：北京市朝阳区麦子店街18号楼
邮编：100125
责任编辑：郑　君　　文字编辑：范　琳
版式设计：王　晨　　责任校对：吴丽婷
印刷：北京通州皇家印刷厂
版次：2025年6月第1版
印次：2025年6月北京第1次印刷
发行：新华书店北京发行所
开本：700mm×1000mm　1/16
印张：5.25
字数：100千字
定价：69.00元